U0259170

"十三五"职业教育部委级规划教材

普通高等教育"十一五"国家级规划教材（高职高专）

染整技术（印花分册）

潘云芳　主　编

黄　旭　张瑞萍　季　媛　副主编

中国纺织出版社

内 容 提 要

本书简要介绍了纺织品印花的基本知识、印花原理和印花设备,系统地介绍了印花制版、印花原糊的选用和调制、各种纤维织物的印花工艺、纺织品印花检测与控制以及疵病防治。全书采用项目化教学方法,共设置了6个学习情境,每个学习情境下又设置了多个学习任务;书后所附知识拓展介绍了数码印花以及多种新颖的印花工艺,实训项目书可供学生参照进行印花实训,另外还详细介绍了分色描稿系统,进而通过教学项目的实施较好地训练学生的印花基本技能,为不断提升学生的职业综合能力奠定基础。

本书可作为高职高专院校及中等职业学校染整技术专业的教学用书,也可作为高等学校独立学院轻化工程专业(染整工程)纺织品印花课程的教学用书,还可供印染行业的技术人员参考学习。

图书在版编目(CIP)数据

染整技术. 印花分册/潘云芳主编. —北京:中国纺织出版社,2017.1 (2025.1重印)

"十三五"职业教育部委级规划教材 普通高等教育"十一五"国家级规划教材. 高职高专

ISBN 978 – 7 – 5180 – 0207 – 8

Ⅰ.①染… Ⅱ.①潘… Ⅲ.①染整—高等职业教育—教材 ②纺织品—印花—高等职业教育—教材 Ⅳ.①TS19

中国版本图书馆 CIP 数据核字(2013)第 275727 号

策划编辑:秦丹红　　责任编辑:朱利锋　　责任校对:楼旭红
责任设计:何　建　　责任印制:何　建

中国纺织出版社出版发行
地址:北京市朝阳区百子湾东里 A407 号楼　邮政编码:100124
销售电话:010—67004422　传真:010—87155801
http://www.c-textilep.com
E-mail:faxing@c-textilep.com
中国纺织出版社天猫旗舰店
官方微博 http://weibo.com/2119887771
三河市宏盛印务有限公司印刷　各地新华书店经销
2025 年 1 月第 9 次印刷
开本:787×1092　1/16　印张:12.75
字数:239 千字　定价:45.00 元

前　言

　　《染整技术》是高职高专染整技术专业以及高等学校独立学院轻化工程专业(染整工程)的核心课程的配套教材,是根据国家教育部统一教学大纲,由全国纺织服装职业教育教学指导委员会组织专家、资深教师编写的。该套教材按纺织品加工内容共分为四个分册:第一分册为前处理分册,第二分册为染色分册,第三分册为印花分册,第四分册为后整理分册。

　　本教材为《染整技术》印花分册,在系统叙述印花工艺原理的基础上,尽可能结合当前行业的生产实际和最新发展方向,较多地增加生产实践知识和较为成熟的新颖印花技术,突出项目化教学过程,重视技能培养。

　　本教材共六大学习情境,第一和第三学习情境由江苏工程职业技术学院潘云芳和南通大学张瑞萍编写,第二学习情境由江苏工程职业技术学院马新成编写,第四学习情境由盐城工业职业技术学院封怀兵编写,第五情境由江苏工程职业技术学院黄旭和潘云芳编写,第六学习情境由山东科技职业学院马刘编写,附录由江苏工程职业技术学院季媛和潘云芳编写。全书由潘云芳担任主编并统稿,由黄旭、张瑞萍和季媛担任副主编。

　　本教材在编写过程中,主要参考了大量国内外纺织品印花资料和文献,尤其是国内印染界前辈和同行所出版的相关著作和文献,如王宏主编的《染整技术》(第三册),李晓春主编的《纺织品印花》,胡平藩主编的《印花》,黄茂福、杨玉琴主编的《织物印花》,并得到江苏工程职业技术学院沈志平教授的指导,在此向他们表示衷心的感谢!

　　由于编者水平有限,且编写时间仓促,难免有谬误和不妥之处,恳请读者批评指正。

编　者

2016 年 10 月

☞ 课程设置指导

课程名称 纺织品印花工艺实践与管理
适用专业 染整技术
总 学 时 88
课程类型 理论实践一体化

课程性质 本课程是高职高专染整技术专业以及高等学校独立学院轻化工程专业(染整工程)的核心课程,是专业课程体系的重要组成部分,为必修课。

课程目的

1.会根据印花产品的风格特点选用合适的印花方法及设备。

2.会借助于相关的软件、设备,用感光法进行印花花版的制作。

3.会根据印花产品的风格特点选用合适的印花染料、助剂、原糊,并进行印花色浆的配制。

4.会对常见纺织纤维织物直接印花工艺进行实施、调整和现场管理。

5.会对典型的防拔染印花工艺进行实施、调整和现场管理。

6.会对扎染、蜡染等常见的手染作品进行工艺设计、实施、调整和现场管理。

7.知道印花加工过程中常见的印疵产生的原因及控制的方法。

8.了解新颖印花的方法、原理和加工的一般过程。

课程教学的基本要求

1.教学资料:包括学习情境授课计划、课程教学方案、项目任务书、项目工作页、项目评价表、教学课件、练习题。通过各教学环节,重点培养学生实际操作的能力。提高学生分析问题、解决问题的能力和团队协作能力。

2.教学组织:全班分成若干小组,每组3~4人,确定组长人选,任务实施以组为单位进行方案的讨论、计划决策以及项目实施,共同完成任务。

3.课堂教学:讲授基本概念。

4.考核:为全面、客观地考核本课程学生的学习情况,突出高等职业教育的特点,本课程采用过程项目考核和期末综合考核相结合的课程考核评价体系,过程项目考核涵盖项目任务全过程,考核内容包括专业知识、技能(含项目专业知识的应用、项目实施方案和实施过程及项目总结报告等)和态度、情感等方面进行考核,考核成绩由主讲教师和学生共同评定,过程项目考核成绩占总成绩的70%,期末综合考核主要通过完成期末理实一体化试卷来进行考核,由主讲教师评定,期末综合考核成绩占总成绩的30%,详见下表。

各学习情境的考核方式与考核标准

学习情境	考核要点	考核方式	评价标准					成绩比例
			优	良	中	及格	不及格	
印花设备的选用与筛网的制作	印花设备的选用	综合						20%
	筛网的制作	综合						
印花原糊	印花原糊作用、分类及性能	综合						10%
	常用印花原糊	综合						
	印花色浆调配设备	综合						
纺织品直接印花产品加工	涂料直接印花	综合						20%
	纤维素纤维织物直接印花	综合						
	蛋白质纤维织物直接印花	综合						
	合成纤维织物直接印花	综合						
	混纺纤维织物直接印花	综合						
纺织品防、拔染印花	纺织品防染印花	综合						8%
	纺织品拔染印花	综合						
纺织品手染作品制作	纺织品扎染作品制作	综合						8%
	纺织品蜡染作品制作	综合						
纺织品印花质量控制	纺织品印花质量控制及检测	综合						4%
	纺织品印花常见疵病及防止措施	综合						
期末综合理论考试		笔试						30%
合计								100%

注 1.各学习情境中,除对完成任务的考核外,还应包括公共考核点的内容。公共考核点内容一般为工作职业操守、学习态度、团队合作精神、交流及表达能力、组织协调能力等。

2.考核方式可为教师评价、学生自评、互评或几种方式的组合。

教学学时分配表

学习情境	学习任务	工作项目	课时
印花设备的选用与筛网的制作	印花设备的选用	印花平网制作	36
	筛网的制作		
印花原糊	印花原糊的作用、分类及性能	印花原糊制备及涂料色浆(仿色)的调制	12
	常用印花原糊		
	印花色浆调配设备		
纺织品直接印花产品加工	涂料直接印花	涂料直接印花加工	21
	纤维素纤维织物直接印花	纤维素纤维织物活性染料及可溶性还原染料直接印花加工	
	蛋白质纤维织物直接印花	蛋白质纤维织物弱酸性染料直接印花加工	
	合成纤维织物直接印花	涤纶织物分散染料直接印花加工	
		腈纶织物阳离子染料直接印花加工	
	混纺纤维织物直接印花	涤/棉织物涂料直接印花加工	
		涤/棉织物分散/活性染料同浆印花加工	
纺织品防、拔染印花	纺织品防染印花	棉织物涂料防活性染料地色防染印花加工	8
	纺织品拔染印花	棉织物涂料防活性染料地色拔染印花加工	
纺织品手染作品制作	纺织品扎染作品制作	纺织品扎染作品制作	9
	纺织品蜡染作品制作	纺织品蜡染作品制作	
纺织品印花质量控制	纺织品印花质量控制及检测		2
	纺织品印花常见疵病及防止措施		
合计			88

目　　录

绪　论 ·· (1)

　一、印花及特种印花的定义 ·· (1)

　二、印花与染色的异同点 ·· (1)

　三、纺织品的印花方法 ·· (1)

学习情境1　印花设备的选用与筛网的制作 ························· (3)

　学习任务1－1　印花设备的选用 ·· (3)

　　一、印制设备 ··· (4)

　　二、蒸化设备 ··· (7)

　学习任务1－2　筛网的制作 ··· (9)

　　一、平网制作 ··· (9)

　　二、圆网制作 ··· (10)

　　三、花筒制作 ··· (11)

　复习指导 ··· (12)

　思考与训练 ·· (12)

学习情境2　印花原糊 ··· (13)

　学习任务2－1　印花原糊的作用、分类及性能 ························ (13)

　　一、印花原糊的作用 ·· (14)

　　二、印花原糊的分类 ·· (14)

　　三、印花原糊的性能 ·· (16)

　学习任务2－2　常用印花原糊 ·· (19)

　　一、淀粉及其衍生物糊 ·· (20)

　　二、海藻酸钠糊 ·· (23)

　　三、纤维素衍生物糊 ·· (25)

　　四、植物胶及其衍生物糊 ·· (26)

　　五、乳化糊 ··· (29)

六、合成糊料 ·· （30）

学习任务 2-3　印花色浆调配设备 ···························· （31）

一、印花色浆的基本组成 ·· （32）

二、印花原糊的选用 ··· （32）

三、印花色浆自动调配系统 ·· （33）

复习指导 ··· （36）

思考与训练 ··· （36）

学习情景 3　纺织品直接印花产品加工 ························· （37）

学习任务 3-1　涂料直接印花 ································· （38）

一、常规印花工艺 ·· （39）

二、深地色罩印印花工艺 ·· （42）

三、柔软型涂料印花工艺 ·· （43）

四、胶浆印花工艺 ·· （44）

学习任务 3-2　纤维素纤维织物直接印花 ··················· （44）

一、活性染料对纤维素纤维织物的直接印花 ····················· （45）

二、可溶性还原染料对纤维素纤维织物的直接印花 ··············· （54）

学习任务 3-3　蛋白质纤维织物直接印花 ··················· （57）

一、蚕丝织物印花 ·· （57）

二、羊毛织物印花 ·· （61）

学习任务 3-4　合成纤维织物直接印花 ······················ （63）

一、涤纶织物分散染料直接印花 ··································· （63）

二、腈纶织物阳离子染料直接印花 ································· （65）

学习任务 3-5　混纺纤维织物直接印花 ······················ （66）

一、综合直接印花 ·· （66）

二、涤棉混纺织物直接印花 ·· （67）

三、其他混纺织物印花 ··· （71）

复习指导 ··· （72）

思考与训练 ··· （73）

学习情境 4　纺织品防、拔染印花 ······························· （75）

学习任务 4-1　纺织品防染印花 ······························ （75）

一、防染原理和用剂 ··· （76）

二、活性染料地色防染印花 ·· （77）

三、还原染料地色防染印花 ·· (82)

四、分散染料地色防染印花 ·· (84)

学习任务 4 - 2　纺织品拔染印花 ·· (87)

一、拔染原理和常用地色染料 ·· (88)

二、常用拔染剂 ·· (89)

三、常用助拔剂 ·· (90)

四、活性染料地色拔染印花工艺 ·· (91)

五、还原染料地色拔染印花工艺 ·· (92)

六、分散染料地色拔染印花工艺 ·· (93)

复习指导 ·· (97)

思考与训练 ·· (97)

学习情境 5　纺织品手染作品制作 ·· (98)

学习任务 5 - 1　纺织品扎染作品制作 ·· (99)

一、扎染的工具与材料 ·· (100)

二、扎染前的准备 ·· (100)

三、扎结方法 ·· (101)

四、染色 ·· (107)

学习任务 5 - 2　纺织品蜡染作品制作 ··· (110)

一、蜡染的材料 ·· (111)

二、蜡染用具 ·· (112)

三、蜡染工艺 ·· (113)

复习指导 ··· (117)

思考与训练 ··· (117)

学习情境 6　纺织品印花质量控制 ··· (119)

学习任务 6 - 1　纺织品印花质量控制及检测 ··································· (120)

一、印花产品质量控制 ·· (120)

二、印花产品质量检测 ·· (121)

学习任务 6 - 2　纺织品印花常见疵病及防止措施 ······························· (122)

一、平网印花常见疵病及防止措施 ··· (122)

二、圆网印花常见疵病及防止措施 ··· (125)

三、滚筒印花常见疵病及防止措施 ··· (127)

复习指导 ··· (129)

思考与训练 ·· (129)

参考文献 ·· (130)

附录一 知识拓展 ··· (131)

知识拓展 1 纺织品数码印花 ······································· (131)

知识拓展 2 夜光印花与荧光印花 ··································· (149)

知识拓展 3 金银粉印花 ··· (151)

知识拓展 4 浮水映印花 ··· (151)

知识拓展 5 静电植绒印花 ··· (152)

附录二 实训项目指导书 ··· (154)

项目 1 印花平网制作 ··· (154)

项目 2 印花原糊制备及涂料色浆（仿色）的调制 ····················· (155)

项目 3 纤维素纤维织物活性染料直接印花加工 ······················· (157)

项目 4 蛋白质纤维织物弱酸性染料直接印花加工 ····················· (159)

项目 5 涤纶织物分散染料直接印花加工 ····························· (160)

项目 6 腈纶织物阳离子染料直接印花加工 ··························· (161)

项目 7 涤/棉织物涂料直接印花加工 ······························· (162)

项目 8 涤/棉织物分散/活性染料同浆印花加工 ······················· (163)

项目 9 棉织物涂料防活性染料地色防染印花加工 ····················· (165)

项目 10 棉织物涂料防活性染料地色拔染印花加工 ···················· (167)

项目 11 纺织品扎染作品制作 ······································ (168)

项目 12 纺织品蜡染作品制作 ······································ (170)

附录三 印花分色描稿强化训练 ··· (172)

绪　论

一、印花及特种印花的定义

所谓印花（printing），就是将染料（dyes）或涂料（pigment）制成色浆，施敷于纺织品上，印制出有花纹图案（pattern）的加工过程。而为完成纺织品印花所采用的加工手段，称为印花工艺。印花工艺主要包括图案设计、花纹雕刻、仿色打样、色浆调制、印花及其前、后处理等加工过程，各个环节的密切联系、相互配合至关重要，否则，会影响印花质量。因此，印花是一门化学、物理、机械、艺术相结合的综合性科学技术。

纺织品特种印花就是将织物的最终成品显示出特殊效果的印花方法。例如使纺织品产生变色效果的变色印花、带有珠光效果的仿珍印花、具有凸出立体感的发泡印花、产生透明效果的烂花印花等。

二、印花与染色的异同点

（1）纺织品染色和印花使用同一类型的染料时，它们的着色及固色原理也就相似或相同。

（2）在印花与染色中，染色加工用的是染料水溶液或悬浮液，而印花用的是色浆。

（3）染色时如果需要拼色，一般要求同类型染料进行拼色，而印花则可以在同一纺织品上采用几种不同类型的染料进行共同印花（alongside printing），有时也可在同一色浆中采用不同类型的染料进行同浆印花（printing in one paste）。

（4）印花和染色所用染料大致相同，但也有一些是专门用于印花的染料，如印花用活性染料（国产 P 型活性染料等）、稳定不溶性偶氮染料、暂溶性染料等。

（5）对印花半制品而言，毛效应均匀，且具有良好的"瞬时毛效"，所以印花布前处理加工的每一步都很重要。

三、纺织品的印花方法

1. 按设备分类

（1）筛网印花（screen printing）。筛网印花源于型版印花，主要印花装置为筛网。筛网又分为平网和圆网两种，平网是将筛网绷在金属或木质矩形框架上，圆网则采用镍质圆形金属网。印花时，将花纹图案雕刻在网上，在平网或圆网印花机上色浆通过网印将花纹图案转移到纺织品上。平网印花有手工和机械之分，而圆网印花是连续化的机械运行，圆网和平网印花是目前广泛采用的印花方法。

（2）滚筒印花（roller printing）。滚筒印花的主要印花装置是刻有花纹的铜辊，又称花筒。色浆通过刻有花纹图案的铜辊凹纹压印转移到纺织品上。

（3）转移印花（transfer printing）。转移印花是先将染料或涂料的花纹图案印在纸上，制成转印纸，然后在一定条件下使转印纸上的染料或涂料转移到纺织品上的印花方法。转移印花是一种印花后不需要后处理的方法，属于清洁加工。

（4）数码印花。纺织品数码印花是指应用各种数字化手段进行印花的非传统印花方式。其加工过程一般是首先利用扫描、数码摄影等手段将图像输入计算机或直接使用计算机制作图案，然后再用计算机分色系统处理图像，再由专用的 RIP 软件控制喷射系统将各种专用染料（活性染料、分散染料、酸性染料或颜料）从数码印花机中直接喷印到织物上，形成花纹图案。因此，数码印花（digital printing）也称喷墨印花（jet printing）。

（5）其他印花法。除上述常用的印花方法外，还有一些用于生产特殊印花产品及现在正迅猛发展的新型印花方法，主要有静电植绒印花、多色淋染印花等。

2. 按工艺分类

（1）直接印花（direct printing）。直接印花是将含有染料的色浆直接印在白布或浅色布上，印花处染料上染，获得各种花纹图案，未印花处地色保持不变，印花色浆中的化学药品与地色不发生化学作用，印上去的染料其颜色对浅地色具有一定的遮色、拼色作用，这种印花方法称为直接印花。

根据花型图案情况，直接印花可获得白地花布、满地花布、地色罩印花布。

（2）拔染印花（discharge printing）。拔染印花是先染色后印花，在印花浆中含有能够破坏地色染料的化学药品，称为拔染剂，在适当条件下，可将地色破坏，经水洗得到白花，称为拔白印花（white discharge printing）；如果在印花浆中加入能耐拔染剂的染料，则在破坏地色的同时又染上另一种颜色，叫色拔（又称着色拔染）印花（colored discharge printing）。拔白印花和色拔印花可同时应用于一个花样上，统称为拔染印花。

（3）防染印花（reserve printing）。防染印花是先印花后染色，在印花浆中含有能够防止地色染料上染的化学药品，称为防染剂，然后进行染色，印花处的地色染料不上染、不显色、不固色，经水洗除去，得到白花称之为防白印花；如果在印花浆中加入一种能耐防染剂的染料，则在防染的同时又上染另一种颜色，叫色防（又称着色防染）印花。防白印花和色防印花可同时应用在一个花样上，统称为防染印花。

（4）防印印花（resist printing）。防印印花也叫防浆印花，一般是先印防印浆，而后在其上罩印地色浆，印防印浆的地方罩印的地色染料由于被防染或拔染而不能发色或固色，最后经洗涤去除。

学习情境 1　印花设备的选用与筛网的制作

学习目标

1. 知道印花常用印制设备和蒸化设备。
2. 知道各类印制设备和蒸化设备的基本构造。
3. 知道花筒制作的方法和步骤。
4. 会根据印花产品的特点选用合适的印制设备和蒸化设备。
5. 会借助于计算机分色系统完成感光底稿的制作。
6. 能运用平网感光法熟练完成平网制作。

案例导入

南通山鹰印染厂是一家印染企业，现接到一批家纺印花产品订单，客户要求花纹轮廓清晰，花型逼真，请根据我厂实际生产情况选择适当印花设备和蒸化设备，请用计算机分色系统制作感光底稿，并用感光法制版完成一套印花平网的制作。

引航思问

1. 什么类型的印花设备能够达到上述案例中客户的要求？
2. 计算机分色系统主要能完成哪些工作？如何运用计算机分色系统？
3. 你知道印花工序后面的蒸化有什么作用吗？

学习任务 1-1　印花设备的选用

知识点

1. 印花常用印制设备和蒸化设备的种类。
2. 各类印制设备和蒸化设备的基本构造。
3. 各类印制设备和蒸化设备的应用特点。

技能点

1. 根据印花产品的特点选用合适的印制设备和蒸化设备。

2. 确定各类印花设备的加工运行过程。

一、印制设备

我国目前使用的印花设备，主要以半自动及全自动平网印花机和圆网印花机为主，其他还有放射式滚筒印花机。平网印花灵活性很大，设备投资较少，能适应小批量、多品种生产要求，印花套数不受限制，且得色深浓，大都用于手帕、毛巾、床单、针织物、丝绸、毛织物及装饰织物的印花。放射式滚筒印花机适合大批量生产，劳动强度较大，现在用得越来越少了。

1. 平网印花机 平网印花机可分为框动式平网印花机及全自动平网印花机，平网印花机又称为筛网印花机。

（1）框动式平网印花机。印花台板架设在木制或铁制台架上，高度约 0.7m，台面铺有人造革，下面垫以毛毯，使其具有一定弹性，并要求整个台面无接缝。为了对版准确，在台面边上预留规矩孔，以供筛框上的规矩钉插入，使筛网定位。筛框是每色一块，为了尽量使第二块色位的筛框不致与第一色的湿浆粘搭，常采用热台板将第一色加热（约45℃左右），加热的方式是在台面下面安装间接蒸汽管（或电热设备），使其保持均匀温热。

框动式平网印花机的主要机构如图 1-1 和图 1-2 所示。

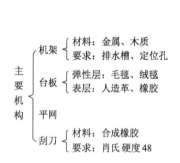

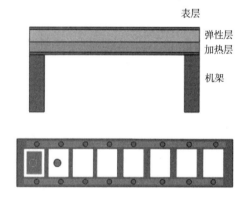

图 1-1　框动式平网印花机的主要机构　　　　图 1-2　框动式平网印花机主要机构示意图

框动式平网印花机的运行过程是：

摊布──→刮印──→收布

框动式平网印花机具有张力小、适用性广，花纹轮廓较清晰，制版简易，灵活性大，套数不受限制，热台板不易搭色等优点；其缺点是劳动强度大，生产效率低，刮浆不匀。

（2）全自动平网印花机。全自动平网印花机与框动式平网印花机的主要区别是织物随导带回转运动而作纵向运行，而框动式平网印花机上的织物则被固定在台板上，由印框运行，其他情况基本相同。织物在导带上印花完毕后，即进入烘房。烘干后就送往后处理，后处理同常规印花。

全自动平网机的主要机构如图1-3和图1-4所示。

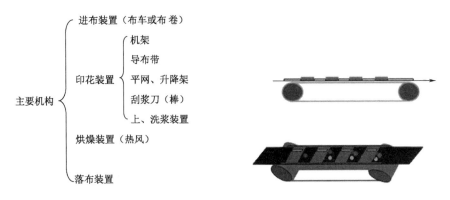

图1-3 全自动平网机的主要机构　　图1-4 全自动平网机主要机构示意图

全自动平网印花机的运行过程是：

$$导布带上黏合剂\brace 进布}\longrightarrow 摊贴布\longrightarrow 压网\longrightarrow 刮浆\longrightarrow 抬网\longrightarrow 导布\longrightarrow 烘燥\longrightarrow 落布\longrightarrow$$

（蒸化——后处理）——清洗导带

全自动平网机具有张力小、适用性广，花纹轮廓较清晰，制版简易，单元花围大，套数多，劳动强度较低等优点；其缺点是生产效率低，易搭色，易产生边泡现象。

2. 圆网印花机 按圆网排列的不同，分为立式、卧式和放射式三种。国内外应用最普遍的是卧式圆网印花机，如图1-5所示，分刮刀刮印和磁辊刮印两种基本类型。卧式圆网印花机由荷兰斯托克公司于1963年首创，它既有滚筒印花生产效率高的优点，又有平网印花能印制大花型、色泽浓艳的特点，被公认为是一种介于滚筒印花和平网印花之间，在印花技术上有重大突破的印花机。尤其是近几年来宽幅织

图1-5 卧式圆网印花机

物、化纤织物和弹性织物等迅速增加，使这种印花机得到了迅速发展。

圆网印花机主要机构如图1-6~图1-8所示。

圆网印花机的运行过程是：

进布——刮印——烘燥——落布——（蒸化——后处理）

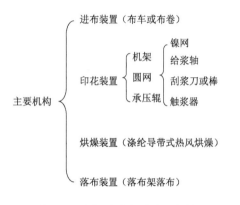

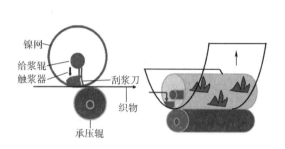

图1-6　圆网印花机的主要机构　　　　　　图1-7　圆网印花机主要机构示意图

图1-8　圆网印花机印花装置示意图

圆网印花机可连续生产，无接版印问题，操作方便，劳动强度低且占地面积比平网印花机小；适应性强，可适用于多种纤维织物印花，印花得色浓艳但较平网印花差；圆网的规格较多，可满足大小不同的花样，特别适合于印制直线条形图案。其缺点是印制云纹花样有一定困难，其花纹的精细度不如滚筒印花。

3. 滚筒印花机　滚筒印花机是18世纪苏格兰人詹姆士·贝尔发明的，所以又叫贝尔机。它是把花纹雕刻成凹纹于铜辊上，将色浆藏于凹纹内并施加到织物上的，故又叫铜辊印花机。目前印染厂采用的铜辊印花机是由六根或八根刻有凹纹的印花滚筒围绕于一个富有弹性的空心承压滚筒呈放射形排列的，所以又称为放射式滚筒印花机。目前，印染厂所用滚筒印花机多为该种印花机。

滚筒印花机的主要机构如图1-9和图1-10所示。

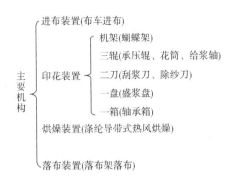

图1-9　滚筒印花机的主要机构　　　　图1-10　滚筒印花机主要机构示意图

滚筒印花机的运行过程是：

进布（印坯、衬布）──→印制──→衬布烘燥
　　　　　　　　　　　　↓
花布预烘──→花布烘燥──→落布──→（蒸化──→后处理）

滚筒印花机具有花纹清晰、层次丰富，可印制精细的线条花、云纹等图案，劳动生产率高，适宜于大批量的生产等优点。其缺点是劳动强度大，技术要求高，张力大、不适宜印制稀薄织物，且易造成传色疵病，印制套数有限，单元花型面积有限。

4. 转移印花机　其主要机构如图1-11和图1-12所示。

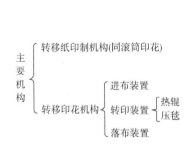

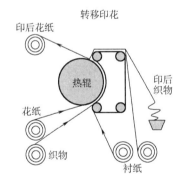

图1-11　转移印花机的主要机构　　　　图1-12　转移印花机转移示意图

转移印花机的运行过程是：

进布（花纸、衬纸）──→转移印花──→出布（花纸、衬纸）

转移印花机具有花型逼真、花纹细致、层次清晰、立体感强，设备简单、占地小、投资少、张力小、适用性广等优点。其缺点是适用纤维有限，成本较高，生产效率较低。

二、蒸化设备

许多染料印花以后，需经过汽蒸才能固色或显色。故蒸化机是印花的主要设备之一，蒸化同样是重要的工序。根据织物品种不同，蒸化机常用的有高温无底蒸化机、还原蒸化机和圆筒蒸化机。

1. 高温无底蒸化机　其主要机构如图1-13和图1-14所示。

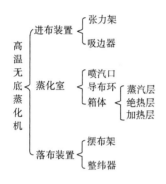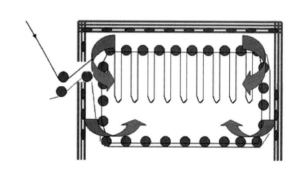

图1-13　高温无底蒸化机的主要机构　　　图1-14　高温无底蒸化机主要机构示意图

该蒸化机的特点是使用无底式蒸箱，蒸化温度在100℃左右，适宜于化纤织物的蒸化。箱下部两侧有抽吸废湿汽装置，蒸箱内无空气和水滴。由于导辊的自转，织物无张力地形成长环悬挂在蒸箱内。无底蒸箱是由多面平板焊接的夹顶和夹壁组成，使用压力为784Pa（8kg/cm²），高达180℃过热蒸汽加热夹壁中水，产生饱和蒸汽，从假角处由上往下注入，多余蒸汽从底部两侧的吸气管与废湿汽一起排出。

2. 还原蒸化机　其主要机构如图1-15和图1-16所示。

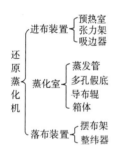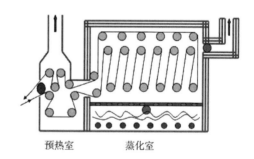

图1-15　还原蒸化机的主要机构　　　图1-16　还原蒸化机主要机构示意图

在蒸化过程中要求蒸化机内的空气成分应小于0.4%。蒸化室为铸铁材料制造的长方形箱体，外包石棉绝热材料，两侧设有观察孔，还有供工作人员进入处理故障和做清洁工作的小门。室顶及前后壁有通入蒸汽的夹层，可防止冷凝水的滴落。蒸化室下面为积水槽，有间接蒸汽管加热积水保温，并装有直接蒸汽管喷射至积水中，使积水沸腾蒸发，水汽供给蒸化室湿度。

蒸化室内装有多根主动导辊，以减少织物张力。还原蒸化机适宜大批量连续生产的织物，但耗汽量大，生产品种受限制。

3. 圆筒蒸化机　圆筒蒸化机是间歇式的蒸化设备，适用于小批量的织物印花蒸化，有常压型和高温高压型，织物多以星型架悬挂，也称星型架蒸化设备，其主要机构如图 1 − 17 和图 1 − 18 所示。

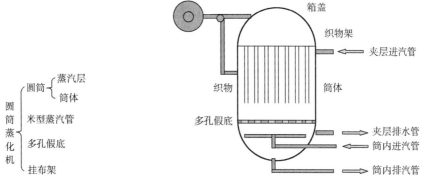

图 1 − 17　圆筒蒸化机的主要机构　　　　图 1 − 18　圆筒蒸化机主要机构示意图

学习任务 1 − 2　筛网的制作

知识点

1. 筛网制作的方法和步骤。
2. 平网感光法制作的原理和步骤。
3. 花筒制作的方法和步骤。

技能点

1. 分色的常用方法及其分色步骤。
2. 用感光法进行平网的制作。

一、平网制作

1. 筛框制作　筛框的制作是筛网印花的重要工序，材料一般为铝合金。筛框尺寸取决于印花织物幅宽、单元花纹面积、刮刀及设备条件。

2. 选网　网布是制成花网的重要物料之一，其材料有真丝、尼龙丝、涤纶丝等，通称为绢网，网的稀密以号来表示。一般号数越小，表示单位面积中的孔数越少，即孔越大；而化纤网常用 SP 号数表示。绢网号数与对应尺寸见表 1 − 1。

表1-1 绢网号数与对应尺寸

绢网号数	6	7	8	9	10	11	12	13	14	15	16
单位面积孔数 ［孔数/cm² （孔数/平方英寸）］	11.5 (74)	12.7 (82)	13.3 (86)	15.8 (102)	16.9 (109)	18.0 (116)	19.2 (124)	20.2 (130)	20.8 (134)	22.9 (148)	24.3 (157)
SP 号	28	30	32	38	40	42	45	48	50	56	58

绢网选用的一般原则为：大块面积花纹，需浆量大，则孔应大些，可以选用小号网，如9～10号网；小面积花纹，花纹精细，则孔应小些，用大号网，如选用15～16号网；厚织物，需浆量大，选用小号网，即孔大些的；化纤织物吸湿性差，应选用大号网。

3. 绷网 平版筛网印花的绷网可在压缩空气绷网机或手摇螺杆绷网机上进行，将绢网施以力平整地固定在网框上，制成印花筛网。网框可用木框，现多用金属网框，如铝合金等。筛网制作方法为：先在框架上涂一层聚乙烯醇缩醛胶，然后让其自然干燥；将裁好的网在绷网机上绷紧，然后将框放在网的下面，用刷子将酒精、丙酮刷在框四周，酒精、丙酮使胶溶解，最后用吹风机吹干，绷好的丝网框用皂粉或纯碱液刷洗，冷水冲洗，烘干，以保证网的洁净，提高感光质量。

4. 感光法制版 感光法制版工艺过程为：

筛网涂过氯乙烯打毛 ——→ 涂感光胶 ——→ 覆片曝光 ——→ 水洗显影 ——→ 烘干 ——→ 用醋酸丁酯
单元花样制成正片 ——→

擦花 ——→ 修版 ——→ 打样

二、圆网制作

1. 印花图案 设计花布图案时，要取一个完整的单元花样，单元花样的重复组成了花布的图案。此单元花样要求上下、左右都能互相连接起来，一般情况下大花采用上下衔接，也叫二方连接，小花、中花采用上下、左右衔接，也叫四方连接，因此，花样与圆网（花筒）的关系是单元花样在横向沿圆网（花筒）的长度方向左右衔接，其纵向沿圆网（花筒）圆周上下衔接。衔接方式有平接头、1/2接头、1/3接头等（图1-19）。平接头就是一个单元花样与另一个单元花样上下并列，此种花样比较呆板，用得不多；1/2接头就是单元花样纵向下移1/2处衔接，这种连接方式应用较多，生产出的花纹造型美观；1/3接头就是单元花样纵向下移1/3处衔接。此外，还有1/4或1/5衔接，但应用较少。

2. 制网 制网过程如下：

无缝钢管加工磨光 ——→ 镀铜 ——→ 磨光 ——→ 轧点磨光 ——→ 镀铬 ——→ 嵌绝缘体 ——→ 焙烘硬化 ——→ 磨光 ——→ 镀镍 ——→ 脱膜 ——→ 成型

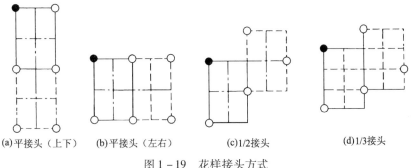

(a)平接头（上下）　(b)平接头（左右）　(c)1/2接头　(d)1/3接头

图 1 – 19　花样接头方式

网孔的大小用网目数来表示，网目数与开孔率的关系如表 2 – 1 所示。

表 1 – 2　网目数与开孔率的关系

目　　　数	25	40	60	80	100	120
单位面积网孔数量（孔数/cm²）	120	290	670	1150	1630	2365
网孔面积（mm²）	0.199	0.07	0.02	0.01	0.0059	0.0038
开孔率（%）	23.9	20.3	13.4	11.5	9.6	9.0

注　$开孔率 = \dfrac{单位面积网孔数量 \times 网孔面积}{100} \times 100\%$

3. 网的选择　花纹面积大的、织物厚的、吸浆量高的花样网目数应小，一般用 60 目；疏水性纤维织物吸浆量小，网目数应高，80 ~ 100 目；细线条花样网目数也应高。

4. 感光法制版　感光法制版的工艺过程为：

黑白稿的准备和检查 ———
　　　　　　　　　　　　　　　——→ 曝光 ——→ 显影着色 ——→ 修理 ——→ 焙烘(180℃,2h) ——→
圆网清洁和涂感光胶 ——→ 烘干

胶接闷头 ——→ 检查

三、花筒制作

1. 花筒规格　花筒的组成为铜锌合金（含铜 97.2% ~ 98%，含锌 2% ~ 2.8%，含杂小于 0.2%），硬度应达到 HB 78 ~ 84。一般新花筒的圆周为 402 ~ 446mm，花筒呈中空，两端内径不同，呈锥形，内径大的一头称大头，内径小的一头为小头。

花筒的长度随规格的不同而不同，一般为 915 ~ 1500mm，应根据所印织物的门幅选定，且与印花机工作幅度、装花筒零件、刮刀的长度等有关。

2. 花筒车磨　花筒的圆周应为单元花样上下尺寸的整数倍，如果有多余的，应该用车床车去。

一般花样在花筒圆周上重复雕刻的次数称为回数。每套花样的花筒，其圆周大小要求一致，误差不应超过 0.1mm，精密的几何花样则要求更高，否则易造成对花不准。

3. 雕刻

（1）照相雕刻（photoengraving）。其工艺过程为：

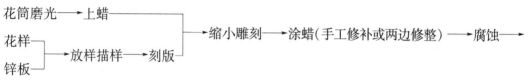

样——→镀铬

（2）缩小雕刻（pentagraph engraving）。其工艺过程为：

花筒磨光——→上蜡——┐
花样——┐　　　　　　├——→缩小雕刻——→涂蜡(手工修补或两边修整)——→腐蚀——→
锌板——┴——→放样描样——→刻版——┘

去蜡——→检查及修理——→打平版样——→修理——→镀铬——→磨光

（3）钢芯雕刻。其工艺过程为：

花样——→刻阴模——→淬火——→轧阳模（凸模）——→淬火——→阳模轧压花筒——→镀铬

花纹在阴模上呈凹陷状，在阳模上则呈凸出状，轧在花筒上又成为凹陷花纹。

☞ 复习指导

1. 掌握平网印花机的主要机构、运行过程及特点。
2. 掌握圆网印花机的主要机构、运行过程及特点。
3. 掌握滚筒印花的机主要机构、运行过程及特点。
4. 掌握转移印花机的主要机构、运行过程及特点。
5. 掌握感光法制版原理和方法。
6. 掌握丝网选择原则。
7. 了解蒸化的目的和蒸化机类型。

☞ 思考与训练

1. 平网印花机的类型有哪些？并说明各自特点。
2. 感光法平网制版的工艺流程是什么？
3. 平网印花选网的原则是什么？
4. 圆网印花机的特点是什么？
5. 写出圆网印花机的组成及印花部分的组成，并能画出印花部分示意图。
6. 写出放射式滚筒印花机的组成及印花机头部分，并能画出示意图。
7. 蒸化的目的是什么？蒸化机类型有哪些？

学习情境 2 印花原糊

学习目标

1. 掌握印花原糊的作用及分类。
2. 掌握印花原糊的基本性能。
3. 能根据印花对象不同合理选择原糊。
4. 能进行印花色浆的调制。

案例导入

案例 1 常熟赢环织造印染有限公司是一家以化纤针织印染加工为主的外贸企业，2011年与美国立华纺织品贸易有限公司签订了一批针织印花珊瑚绒面料合同，加工中发现，某一批号涤纶珊瑚绒表面印花花型出现了较严重的质量问题。工程技术人员经分析后发现，花型质量较差主要表现为，渗化严重，造成花型轮廓不清；花型部分色系色泽较萎暗；个别花型处出现明显色点，为了解决这些问题，技术管理部门建议印花车间加强管理，强化色浆调制来提高产品质量。

案例 2 山东菏泽宏瑞纺织印花有限公司是一家以纯棉印花产品加工为主企业。品种涉及涂料印花、活性染料印花、喷墨印花等，该企业在生产全棉府绸白底印花品种时，水洗烘干后发现，产品白底沾色较严重，同时，花型色泽萎暗。为此，技术人员在仔细检查生产工艺及生产过程后，及时更换为新的活性染料并在色浆中加入防染盐 S，从而满足了客户的要求。

引航思问

1. 上述案例中涉及哪几种印花色浆？
2. 根据上述案例，请你叙述印花色浆对纺织品印花的影响。
3. 通过上述案例，你如何对印花色浆进行分类？
4. 印花汽蒸后，为什么常出现染料色光变化，色泽萎暗？

学习任务 2 - 1 印花原糊的作用、分类及性能

知识点

1. 原糊的作用。

2. 原糊的分类。

3. 常用原糊的性能及糊料特点。

技能点

根据织物印花的要求调制所需的原糊。

印花原糊是一类能使印花色浆增稠的高分子化合物，可保证印花花型清晰轮廓，防止印制到织物上色浆中的染料（或涂料）因毛细管效应而产生渗化。印花原糊是印花色浆的主要组成部分，是影响印花质量的重要因素之一，它直接影响着花型的印制、染料的表面给色量、花纹轮廓的光洁等。印花原糊在加到印花色浆之前，一般先在水中充分溶胀，制成一定稠厚度的胶体溶液，或制成油/水型、水/油型乳化糊。

一、印花原糊的作用

印花原糊能将色浆中染料及化学药剂等传递到织物上，经印花后染料（涂料）固着，原糊随即被洗除，主要起传递介质的作用。根据原糊在印花过程中的作用不同，可分为以下两种形式。

（1）单纯作为印花色浆的增稠剂，使印花色浆具有适当的黏度，保证色浆在印制时透过网框到达织物，同时部分抵消由于织物毛效而产生的渗化，达到花纹的完整和轮廓的清晰。原糊中的染料借助印花、烘干、汽蒸等作用，能从色浆转移并渗透到织物内部在织物上固着完成上染。最后通过水洗，将原糊从织物上洗除。

（2）既作为色浆的增稠剂，又参与染料的固着，印花固色完成后，成为印花的组成部分，保留在织物上。

原糊在印花过程中除上述作用外，还具有以下几方面作用：可将印花色浆中染料、化学品、助剂或溶剂均匀分散在原糊中，并稀释到规定浓度，而制成色浆；作为印花色浆的稳定剂及延缓印花色浆中各组分彼此间相互作用的保护胶体；作为印花或轧染后，烘干过程中抗泳移作用的匀染剂，使花型色泽均匀、轮廓清晰；作为印花后处理汽蒸固色时的吸湿剂，有利于染料吸湿溶解及向纤维内部扩散。

二、印花原糊的分类

印花原糊按其来源可分为天然系、半合成系、合成系及乳化系几大类。

1. 天然系原糊 天然系原糊主要有植物性糊料、动物性糊料和矿物性糊料。

（1）植物性糊料。

①淀粉类。如小麦淀粉、甘薯淀粉、马铃薯淀粉、玉米淀粉、米淀粉等，他们通常有直链淀粉和支链淀粉组成，其中直链淀粉使糊料具有一定弹性和挠曲性，烘干时能较快成膜，

而支链淀粉具有良好的黏着力，烘干时成膜较慢，但耐磨性好且不易洗除，他们能在冷水中发生有限溶胀，在加热或碱中明显膨化。

②来自于植物果子、树、灌木皮中分泌液干润而成的天然胶。有龙胶、皂荚胶、果胶、结晶胶、阿拉伯树胶、刺槐豆胶、瓜耳豆胶、纳夫卡树胶等，是天然混杂多糖物，结构复杂，且具有支链，能溶于水成黏稠流体，具有优良的印花性能，但来源有限、成本高。

③藻类。如来自海带、裙带藻、空茎昆马尾藻等植物的海藻酸钠、海藻酸酯、米海苔等，其中最常用的海藻酸钠具有与淀粉或纤维素相似的结构，所不同的是环上碳原子上的羧基取代原羟甲基，糊料电离成阴离子与活性染料存在静电斥力，能阻止糊料与活性染料反应，是活性染料印花最优良的印花糊料。

④其他。如植物蛋白中的大豆酪朊；其他野生植物如多年生草本植物，主要由葡甘露聚糖构成的蒟蒻粉、田仁粉、以淀粉为主要成分的橡子粉等。

（2）动物性糊料。

①动物性蛋白质。如酪朊、卵蛋白。

②动物性胶类。如鱼胶、骨胶、皮胶、明胶等，其中明胶是以动物皮、骨为原料，通过较复杂加工制得的，分子量较大由氨基酸组成的多肽分子混合物，能在冷水中溶胀，在温水中溶解。

③氨基多糖类。如甲壳质，它与纤维素具有非常相似的六碳糖多聚体，是由 1000～3000 个乙酰葡萄糖胺残基通过 1，4 糖苷链相互连接而成。

（3）矿物性糊料。如膨润土，以含水硅酸镁为主具有润滑性、抗粘、耐酸性、柔软、光泽好、较强吸附力的滑石粉，硅酸钠等。

2. 半合成系原糊　虽然天然系原糊有许多优良性能，但也存在明显缺陷，为了使糊料性能更能满足织物印花的要求，人们开始对天然原糊进行化学改性，改善其性能以满足印花对糊料的要求。加工淀粉类如可溶性淀粉，淀粉经高温烘焙后制成的黄糊精、白糊精，加工后淀粉分子量明显下降，从而使色浆渗透性明显提高，同时印花色浆水洗性显著提高；淀粉衍生物类如乙酰化淀粉、羧甲基淀粉、羟乙基淀粉等，通过化学改性，使淀粉的流动性、渗透性显著提高，从而改善了色浆印花性能；纤维系衍生物类如甲基纤维素、乙基纤维素、羧甲基纤维素、羟乙基纤维素，虽然纤维素与淀粉结构相似，同时具有良好的化学稳定性，但由于不溶于水，故纤维素通过碱化、水解或氧化，再进行酯化或醚化，以提高水溶性，满足印花的要求；加工类海藻如海藻酸铵，由于高温时易释放出氨而使 pH 下降，特别适合分散染料在纯涤纶上印花。

3. 合成系原糊　常用合成系原糊是由低分子烯烃类物质，通过聚合而成。乙烯系如聚乙烯醇、变性聚乙烯醇；醋酸乙烯酯类如醋酸聚乙烯、聚乙烯醇缩丁醛、聚醋酸乙烯—顺丁烯二酸共聚物；丙烯类中聚丙烯酸、聚丙烯酸酯和聚甲醛丙烯酸共聚物；苯乙烯类如苯乙烯顺丁二烯共聚物等。目前使用较多的合成增稠剂一般以丙烯酸、甲基丙烯酸、顺丁烯二酸或马来酸酐为第一单体，以丙烯酸酯或苯乙烯为第二单体；以双丙烯酸丁二酯或邻苯二甲酸二丙烯或乙二胺、乙醇胺或丁二醇为第三单体合成的非离子型和阴离子型增稠剂，其中非离子型具有适应性好，使用方便，相容好，同时对电解质稳定等特点，而阴离子型具有黏稠性好、含固量低、给色量高、印花后织物手感柔软、牢度好等特点。

4. 乳化液系原糊　用高沸点火油和水在乳化剂作用下，制成油/水型或水/油型乳化剂。这种乳化糊含固量低，后处理方便，能明显提高涂料印花的色泽深度和鲜艳度，同时也适用于各种材质织物的印花。

三、印花原糊的性能

原糊在印花中起着重要的作用，为此应具有一定的流动性，能在外力作用下透过筛网，使印在织物表面的色浆，渗透到织物内部，在织物上形成完整、均匀的花型，当外力消失时，色浆黏度立即恢复，避免渗化现象，保证花型清晰度。

1. 印花原糊必须具备的基本性能

（1）具有一定的物理化学稳定性。煮糊容易，制成的原糊具有一定的物理和化学稳定性，在储存过程中不易发生结皮、发霉、发臭、变薄等变质现象；制成的印花色浆在搅拌、挤压等机械作用时相对稳定；与染料和化学药剂有较好的相容性，使染料、助剂与化学药剂均匀地分散在胶体分散系中，从而获得均匀的花纹图案，避免水解、盐析、结块、刀口结皮现象的产生。

（2）较高的给色量。给色量是指同等用量的染料印制到织物上所得表面色泽深浅程度。其影响因素：一是印花原糊对染料亲和力，亲和力越大，染料越难向纤维转移，得色越浅；二是原糊含固率，含固率较高的色浆，会阻碍染料由色浆向纤维转移，降低得色率，但也阻碍织物表面染料向内部渗透，使织物表面染料更多可提高给色量；三是原糊的渗透性。渗透性差，染料基本覆盖在织物表面，反而提高了给色量。

印花原糊应该具有良好的染料传递性，印花时色浆中染料容易转移，有较高表面给色量，水洗牢度好，及较高的染料利用率。

（3）良好的成型性。原糊能透过高目数的丝网、镍网，在织物上印制均匀、精细、轮廓清晰的花型；同时还能渗入到织物内部，烘干后能在织物表面形成具有一定弹性、较耐磨、不易开裂和脱落的膜层；形成的膜层不会粘连织物或黏附导辊。

（4）良好的水溶性。经印花固色后原糊容易从织物上洗除。良好的水溶性，以保证印花后织物的手感、花型鲜艳度及染色牢度。

（5）较高的成糊率。即调制一定量原糊所需糊料的百分率，如下式 2 - 1，一般高分子糊料有较高的成糊率，而无机化合物成糊率相对较低，所以用量大，含固率也高，同时黏度稳定性也较差。

$$成糊率 = \frac{糊料量}{原糊量} \times 100\% \qquad\qquad (2-1)$$

（6）良好的吸湿性。印花烘干后，织物表面色浆中的染料在汽蒸固色时，由于蒸汽中水分在织物表面冷凝，从而加速纤维膨化，使染料溶解，进而向纤维内部转移和扩散，完成固色。印花着色效果随色浆吸湿性增加及纤维膨化程度加大而迅速提高。原糊的蒸化吸附能力和膨化能力随糊料的微结构不同而改变，在实际工艺中，为了提高或改善吸湿性，通常会加入一定的吸湿剂（尿素）。

2. 印花糊料的物理性能　印花糊料是一些能溶解或充分膨化分散在水中的高分子物的溶液或胶体溶液，其性质直接影响着织物印花的效果。随着印花用染料、印花方法、织物纤维的原料和组织结构乃至印花花纹不同，必须选择与之相适应的糊料才能达到良好的印花效果。为此，应注意原糊的黏性、流变性、触变性、曳丝性、黏弹性等。

（1）黏度。流动的液体如果放置不动，经过一段时间后，会变成静止，这是分子间的内摩擦力作用的结果，这种存在于流体分子间的内摩擦力叫流体的黏度。

印花效果与色浆的黏度密切相关，色浆黏度主要受糊料黏度的影响，同时也受色浆中的化学药剂及染料的影响。为了获得良好的印制效果，色浆必须有适当且较为稳定的黏度。一般来说，高黏度色浆较适合印制精细线条、雪花点子、猫爪、干笔等，而不适合印大块面或满地花型、云纹等花型。同时随印花方法、印花方式的不同，色浆黏度也要随之改变。

即使有了适当黏度的色浆，也不能保证有良好的印花效果，因为印花时受剪切力的作用，黏度将发生很大改变，此时的黏度对实际印花效果影响更大。

（2）流变性。流体在剪切应力作用下发生变形的性能称为流变性，印花原糊在外力作用下会发生形变，所以也是一种流体，其流变性能是影响印花效果的重要因素。

流体在外力作用下，由于克服分子间阻力而开始流动，随外力增加，其黏度表现方式不同，通常将流体分为牛顿流体、塑性流体、假塑性流体、膨胀性流体及黏塑性流体等几类。

①牛顿流体。在温度和压力保持不变的情况下，流体在剪切应力作用下，其黏度保持不变，即为一常数，且当剪切应力大于零时，流体就发生流动，剪切速率与剪切应力成正比。一般只有低分子液体，或在浓度接近于零的高分子液体才符合牛顿定律。

②塑性流体。又叫宾海姆流体。它的特性表现为，当剪切应力较小时，流体不发生流动，只有当剪切应力超过某一数值（屈服值）后，流体才开始流动，且剪切速率与剪切应力成正比，符合牛顿流体流变曲线。一些油墨、油漆属于这种流体。

③假塑性流体。在剪切应力作用下流体开始流动，剪切速率随剪切应力的增加而增加，而黏度随着剪切应力的增加而降低。

而常用的原糊属于假塑性流体，表现为在剪切应力作用下流体开始流动，随剪切应力增加，剪切速率增加明显加快，而黏度显著下降的现象（俗称"剪力变稀"）。因为该流体在无外力作用时，由于分子间氢键、范德瓦耳斯力作用形成网状结构，吸附着大量水分子，形成溶剂化层，而产生结构黏度。当受到剪切应力作用时，溶剂化层粒子聚集倾向减小，高分子会沿剪切应力方向运动和取向，从而破坏原有的网状结构，使流体阻力减小，黏度下降，且随剪切应力增大黏度下降更明显，因而出现了"切力变稀"现象。

④膨胀流体。又称胀流性流体。它与假塑性流体相反，当剪切应力增加时，其黏度并不降低反而增加。而当剪切应力较小时，产生较大的剪切速率，而后随着剪切应力的增加，其剪切速率递增缓慢。

某些高浓度的悬浮液属于这种流体，由于高浓度悬浮液中存在大量颗粒，随着剪切应力的增加，颗粒结构被破坏，大分子相互缠绕增加，分子间摩擦力也随之增大，因此黏度也随之增加，如35%以上淀粉颗粒悬浮液属于此类型。

⑤黏塑性流体。又称宾海姆塑性液体。它的流体特性与塑性流体相似，只有当剪切应力超过最低的剪切应力时流体才发生流动；且随着剪切应力的增加，流体呈假塑性的流变曲线，至剪切应力达到最大屈服值时，该流体的流变曲线开始呈牛顿型流体的直线型。小麦淀粉、低醚化度的羧甲基淀粉等印花原糊属于这种流体。

常用印花糊料流动性分类见表2-1。

表2-1　常用印花糊料流动性分类

近似牛顿型流动	假塑性流动	塑性流动
阿拉伯树胶	树胶	龙胶
印染胶	羧甲基纤维素	小麦淀粉
	羟乙基皂荚胶	高黏度海藻酸钠
	刺槐豆胶	
	油/水乳化糊	
	海藻酸钠	

（3）触变性。当采用旋转式黏度计测定流体的流变性时，人们发现有的流体随着剪切应力增加时流变上行曲线，与剪切应力递减时流变下行曲线的轨迹不同。这种上行曲线与下行曲线不一致的现象称为流体的触变性。流体触变有超前触变和滞后触变两种，如图2-1和图2-2所示。触变性可以用上行曲线和下行曲线之间的面积表示，面积越大，触变性越大。

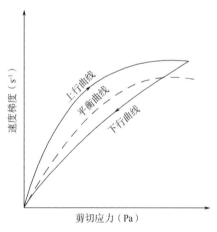

图2-1　触变性液体的超前触变曲线

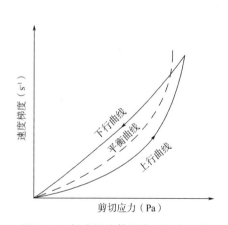

图2-2　触变性液体的滞后触变曲线

而印花原糊表现为触变滞后，这是由于原糊在印制时，受到剪切应力作用，且随剪切应力增加，由分子间氢键、范德瓦耳斯力形成的网状结构而产生的黏度被破坏，而当外力去除时，结构黏度会重新回复，但需要一定时间，表现为滞后触变。触变性通常可用结构黏度与表观黏度比值来衡量，如式（2-2）所示。

$$触变性 = \frac{结构黏度}{表观黏度} = \frac{结构黏度}{牛顿黏度 + 结构黏度} \qquad (2-2)$$

结构黏度会随机械影响（搅拌、印花刮印、花筒挤压）或温度变化（或加热）而减小或消失，也可随影响消失而回复。

在筛网印花时，触变性是非常重要的指标。印制效果优良的原糊料应该是结构黏度大，在剪切应力作用下黏度明显降低，易印透织物，但在刮刀（或磁棒）刮印后，又能迅速恢复其结构黏度，滞后现象要小（即触变性小），防止色浆渗化，提高花型轮廓清晰度。

（4）曳丝性。曳丝性，也称可纺性或黏着性，是指糊料或色浆垂直流动时成丝的性能，它反映了糊料的黏弹性能。工厂经常用一根玻璃棒或搅浆棒插入色浆或糊料中，然后迅速提起，观察流线在断裂前的长度来判断色浆或糊料的性能好坏，流线越长，曳丝性越好。这种曳丝性除与结构黏度有关外，还与糊料浓度、温度、表面张力及牵引速度有关。只有在合适浓度（在印花色浆应用范围内）即溶液中分子链稍有缠结时才显示出来。

印花色浆曳丝性会影响印花轮廓清晰度。曳丝性较低的印花色浆印制在疏水性织物上时，印花线条出现锯齿形、粗细不一、断线等不匀现象，随着色浆曳丝性的提高，这些不匀的现象逐渐消失。

印花色浆曳丝性同样影响着被印织物的上浆量。转移到织物上的印花色浆除与被印织物性质、印花方法有关外，也与曳丝性密切相关，上浆量随着色浆曳丝性的提高而提高，直到织物吸浆饱和为止。

（5）黏弹性。理想弹性体（虎克弹性体）应力与应变呈线性关系，即外力作用产生形变，外力去除，形变瞬间回复；理想黏性体（牛顿流体）应力与应变速率成正比。而印花色浆在应力、应变、温度和时间共同作用下，表现为应变（流动）滞后于应力，这种现象称印花色浆黏弹性。

学习任务 2-2　常用印花原糊

知识点

1. 淀粉糊的性能和制备方法。

2. 海藻酸钠糊的性能和制备方法。

3. 乳化糊的性能和制备方法。

4. 合成增稠剂的性能和使用方法。

技能点

根据织物印花的要求，合理选择并调制所需的原糊。

一、淀粉及其衍生物糊

1. 淀粉原糊　淀粉是由 α - D - 葡萄糖缩聚而成的高分子化合物，通常由直链淀粉和支链淀粉组成。直链淀粉由 α - D - 葡萄糖以 1，4 苷键结合的线型高分子物，每个分子中含有一个还原性的端醛基，微溶于热水，在水中能溶胀形成黏稠的胶体溶液，其基本结构如下：

支链淀粉的主链除由 α - D - 葡萄糖以 1，4 苷键结合的骨架外，还有许多 1，6 苷键结构的支链，其结构式如下：

直链淀粉具有一定的弹性和挠曲性，烘干时成膜较快，有增塑作用，其皮膜不易折断；支链淀粉有很好的黏着力，烘干时成膜较慢而耐磨性好，但不易洗除。两种不同结构的淀粉互补，从而保证了原糊良好的印花性能。

淀粉能在稀硫酸、盐酸或硝酸等无机酸作用下发生水解，聚合度下降，生成的中间产物为糊精，最终全部转化为葡萄糖。也可用稀酸将淀粉进行有限水解，可得到可溶性淀粉，从而改变其流变性、可塑性、提高其印花性能。淀粉具有很强的耐碱性，常温下，遇淡碱液只发生膨化作用，随温度的升高，进一步糊化后转化成黏稠的乳白色胶质。淀粉能被多种氧化剂氧化，特别是在碱性条件下，氧化得到黏度低而稳定、可塑性好、成膜透明而比较强韧的印花性能较好的氧化淀粉。

淀粉原糊制备通常有煮糊法和碱化法两种。

（1）煮糊法（小麦淀粉糊）。

小麦淀粉	$12 \sim 15kg$
水	x
防腐剂（40% 甲醛）	20mL
合成	100kg

称取小麦淀粉，在搅拌情况下加入储有适量冷水的煮糊锅中，使之搅拌均匀无颗粒，然后加水至总量。用 $9.8 \times 10^4 Pa$ 蒸汽隔层加热煮 $3 \sim 4h$，糊料呈透明状（煮糊过程中蒸发的水分应随时补充）。然后关闭蒸汽，在搅拌情况下，以隔层流动水冷却到室温，加入甲醛（或其他防腐剂如石炭酸）搅拌均匀。储存原糊时，应在糊层表面加一些水，以防其结皮。

（2）碱化法（玉米淀粉糊）。

玉米淀粉	12kg
30% NaOH（36°Bé）	3.2kg
62.5% H_2SO_4（50°Bé）	1.8kg
水	x
合成	100kg

碱化法是利用淀粉遇碱膨化的特性制糊的。先用冷水将淀粉搅成悬浮状，然后将烧碱用冷水 1:1 冲淡，在不断搅拌下将烧碱液慢慢加入淀粉液中，加完后，继续搅拌，使淀粉充分膨化，最后再用水将硫酸 1:1 冲淡，不断搅拌下慢慢加入糊中，边加边测其 pH，当 pH 为 $6 \sim 7$ 时，制糊结束。

淀粉的成糊率高，给色量高，黏着力强，印出的花纹清晰，蒸化时不易搭色、不易渗化，但印透性和印花均匀性差，不易洗除，印花后织物手感差。由于淀粉分子中羟基会与活性染料反应而使染料失去与纤维反应形成共价键的能力，因此不适用于活性染料印花。但淀粉没有还原性，能耐弱酸和弱碱，不带有离子基团，所以能适用于其他类型染料的印花。

2. 淀粉衍生物　为了改善淀粉糊的渗透性、匀染性及难洗和手感差等不足，可采用对马铃薯淀粉、玉米淀粉上的羟基进行酯化或醚化反应的改性方法，得到淀粉衍生物。酯化淀粉虽改善了流变性，提高了化学稳定性，但其溶解性不及醚化淀粉，从而影响了它在印花中的使用。醚化淀粉是以一定浓度的氢氧化钠溶液处理淀粉制成碱淀粉后，再在碱性条件下加入醚化剂而制得。

（1）羧甲基淀粉（CMS）。羧甲基淀粉是天然淀粉或分解淀粉在碱性条件下与一氯醋酸反应而制得，反应式如下：

淀粉分子上每个葡萄糖剩基上有 3 个羟基，其最大醚化度为 3，且随醚化程度加大，形成糊料的抱水性增加，其水溶性也随之增大，醚化度为 0.15～0.3（低醚化度），仅能溶于热水；醚化度在 0.4～0.8（中醚化度）可溶于冷水中；醚化度提高到 1.0 以上，原糊的化学稳定性显著提高，同时具有了良好的流动性和渗透性，改善印花性能。且由于伯羟基完全醚化，仲羟基不易与活性染料反应，故醚化度在 1～1.2 之间的羧甲基淀粉可用来调制活性染料印花色浆。

（2）羟乙基淀粉（HES）。羟乙基淀粉是淀粉与环氧乙烷作用而制得的产物，反应式如下：

醚化度在 0.4 以下时仅能溶于热水，醚化度大于 0.5 时可溶于冷水。该产物能与金属盐、酸或酸式盐很好地相容，与淀粉或羧甲基淀粉相比，渗透性、易洗除、抱水性明显提高，原糊结构黏度明显降低，综合印花性能显著改善。

醚化淀粉具有良好的水溶性、糊液稳定、分散能力强、给色量高、易洗除性好等特性，现已取代天然淀粉作为印花糊料的主要品种之一。

（3）白糊精、黄糊精和印染胶。白糊精、黄糊精和印染胶都是淀粉水解的产物，其成分与淀粉相似，它们均是将淀粉在强酸作用下热焙炒而成的。

白糊精是玉米淀粉加浓硫酸均匀混合后，经低温烘干和低温烘焙（70～100℃）而成。本身无色，可作为防白浆的糊料，又因为其成糊后具有高含固量和高抱水性，可在疏水性织物上印制精细花型，是合成纤维织物的理想糊料，特别适合用作阳离子染料印花时的原糊。

淀粉与浓硫酸搅拌均匀后，经高温焙炒（160℃）得到深棕色的是黄糊精，如果色泽更深，转化率更高则是印染胶。印染胶和黄糊精渗透性好、印花均匀、水溶性好，印花后手感好，但原糊含固量高，给色量低，吸湿性强，在蒸化时易搭色，同时由于淀粉分子链较短，分子末端潜在醛基数量多，具有还原性，适于调制还原染料色浆，不适合调制冰染料等其他染料色浆。为了提高给色量和减少搭色，降低成本，常与小麦淀粉糊混用。

原糊的制备：

	黄糊精或印染胶 （Ⅰ）	黄糊精或印染胶 （Ⅱ）	印染胶和淀粉 （Ⅲ）
火油	1kg	1kg	1kg
印染胶	60～80kg	40～50kg	20～30kg
淀粉	—	5～6kg	10～12kg
水	适量	适量	适量
合成	100kg	100kg	100kg

锅内先加少量水及火油，边搅拌边缓慢加入印染胶粉，充分调匀后，以间接蒸汽加热至沸，沸煮2.5h到黄糊精充分溶解成深褐色透明状，关闭蒸汽，在不断搅拌下，以隔层流动水充分冷却后，储存备用，储存时在表面浇一层火油以防结皮。

3. 常用淀粉及其衍生物糊的印花特性（表2－2）。

表2－2　常用淀粉及其衍生物糊的印花特性

项目	淀粉	醚化淀粉		印染胶和黄糊精
		羧甲基淀粉	羟乙基淀粉	
给色量	良好	良好	良好	差
匀染性	稍差	一般	良好	好
渗透性	差	一般	一般	好
尖锐性	差	差	良好	好
流动性	塑性	塑性—假塑性	塑性—假塑性	好
易洗除性	差	一般	较好	好

二、海藻酸钠糊

海藻胶是从褐藻类植物马尾藻和海带中提取的，以海藻酸及其钠、钾、钙、镁和铵盐形式存在，其中以钠盐为主，故海藻酸钠是最常见的海藻类糊料，是纺织品印花中一种重要的印花原糊。其化学结构如下：

β-1，4-D-甘露糖醛酸单元　β-1，4-L-古罗糖醛酸单元

从上述化学结构可以看出，其分子结构与淀粉颇为相似，所不同的是在第5位碳原子上以羧基（—COOH）取代了羟甲基（—CH_2OH），而在第2位、第3位碳原子上具有相同构型的仲醇基，分子中的羧基在强碱作用下，生成可溶性羧酸钠盐（—COONa），而使其具有水溶性和阴荷性。且由于第5位碳原子上的羧基（—COO^-）与活性染料分子中的活性基（—D^-）具有相同电荷而有明显的相斥作用，同时第2位、第3位碳原子上的仲醇基的空间位阻阻碍了与活性染料反应，故海藻酸钠是调制活性染料印花色浆的理想原糊。

海藻酸钠糊黏度会随浓度升高而急剧上升，随温度升高而明显下降，且呈现较大的滞后触变现象。pH在5.8～10.7范围内较稳定，当pH低于5.8时会产生凝冻（即可塑性变差），且酸性越强，凝冻越明显。海藻酸钠不耐硬水，硬水中的钙、镁离子使色浆稳定性下降，而在织物上形成色斑，故可在色浆中加入络合剂六偏磷酸钠，防止色斑形成。同时，为了防止海藻酸钠遇 Zn^{2+}、Cu^{2+}、Pb^{2+}、Fe^{3+}、Al^{3+}、Cr^{3+} 等金属离子发生凝结，可在原糊中加入三乙醇胺或磷酸氢二铵等解凝剂。夏季常加入甲醛或苯酚等防腐剂来阻止因细菌的产生而发生储存变质，但加入甲醛的海藻酸钠糊不宜应用于快磺素印花。

原糊的制备：

海藻酸钠	6～8kg
水（60～70℃）	70～80kg
六偏磷酸钠	0.5～1kg
碳酸钠	适量
甲醛	50mL
水	x
合成	100kg

将六偏磷酸钠溶解于60℃温水中，开动搅拌器，将海藻酸钠干粉在不断搅拌下缓慢加入温水中（维持60℃左右），搅拌2～3h均匀无颗粒后，加入适量的碳酸钠，调节pH至7～8，然后加水至总量，加入甲醛溶液（低温时可不加），继续搅拌均匀，最后用泵抽出，经150～200目尼龙网过滤后即可使用。原糊黏度会随着采地不同和采集季节不同有所变化，可通过

调节海藻酸钠用量来满足黏度要求。

低黏度海藻酸钠糊具有渗透性好、给色量高、匀染性好、印制花型轮廓清晰、不易渗化的特点，还具有原糊洗涤性好，印花织物手感柔软，印花时黏附于花筒及筛网的色浆易去除等优点。除了用于活性染料印花外，同样非常适合筛网印花和疏水性纤维的印花。

三、纤维素衍生物糊

纤维素的分子结构与淀粉相似，由葡萄糖剩基聚合而成，且聚合度高，分子取向性也好，故化学稳定性较好。纤维素不溶于水，但通过碱化、水解或氧化后，再进行酯化或醚化才能使其溶于水，可作为印花用的糊料。

1. 羧甲基纤维素（CMC）　羧甲基纤维素（carboxymethyl cellulose）是由纤维素短纤维与烧碱作用生成碱纤维素，再与一氯醋酸发生醚化反应而制成的，反应式如下：

$$纤维素—OH \xrightarrow{NaOH} 纤维素—ONa \xrightarrow{一氯醋酸} 纤维素—O—CH_2COOH$$

纤维素上三个羟基都可能被醚化，最大醚化度为3，织物印花用的羧甲基纤维素醚化度大多在0.6~0.9之间（属中醚化度）。CMC本身不溶于水，但制成钠盐后可溶于冷水或热水，形成无色透明黏胶状，溶液呈中性或微碱性，低浓度时有较高的黏度。

羧甲基纤维素对一价、二价金属离子稳定，但遇三价金属离子则会凝聚析出；同时也不耐酸，当pH小于2.5时会生成凝胶。羧甲基纤维素的给色量比海藻酸钠糊高，但洗涤性稍差，手感也稍硬。由于尚未完全醚化的羧甲基纤维素上仍有少量可反应的羟基存在，故羧甲基纤维素不适用于反应性强的X型活性染料，但可用于K型、KN型活性染料印花。

原糊的制备：

羧甲基纤维素	3~5kg
水	x
合成	100kg

将桶内放入冷水或温水，在快速搅拌下将羧甲基纤维素干粉慢慢撒入，加入完成后再继续搅拌1h左右，即可得到无色透明的黏稠溶液。

2. 甲基纤维素（MC）　甲基纤维素（methyl cellulose）是由纤维素短纤维与碱作用生成的碱纤维素与一氯甲烷进行醚化反应而制成的，反应式如下：

$$纤维素—ONa + CH_3Cl \longrightarrow 纤维素—O—CH_3 + NaCl$$

甲基纤维素的水溶性随醚化度的提高而增大，只有平均醚化度大于1.5时，才溶于冷水，常用醚化度在1.6~2.0之间，该甲基纤维素在50~60℃时由溶胶转化为凝胶，转化的温度随浓度和电解质变化而变化。且其转化是可逆的，故人们将它拼混到其他糊料中，用来防止印花色浆在汽蒸时产生渗化。

原糊的制备：

$$
\begin{array}{lr}
\text{甲基纤维素} & 5\text{kg} \\
\text{水（40~50℃）} & x \\
\hline
\text{合成} & 100\text{kg}
\end{array}
$$

桶内放入冷水，搅拌下将甲基纤维素撒入，继续搅拌至无颗粒，成糊后的表面张力较小，因此刚制好的原糊有很多泡，放置一昼夜再用为好。

甲基纤维素具有较好的耐酸、耐金属离子性能，但遇碱和硼酸盐会发生凝结，适合于还原染料的两相法印花，也适合于调制色基和印地素色浆，印得花型轮廓精细清晰，特别适合印制细线条。同时甲基纤维素对油类具有良好的乳化作用，可用作制备油/水乳液的乳化剂和保护胶体。

3. 纤维素衍生物糊的印花特性（表 2-3）

表 2-3　纤维素衍生物糊的印花特性

项目	羧甲基纤维素（CMC）	甲基纤维素（MC）
给色量	良好	一般
匀染性	良好	良好
渗透性	稍差	差
尖锐性	良好	差
流动性	假塑性	假塑性
易洗除性	良好	稍差

四、植物胶及其衍生物糊

植物胶是天然多糖类的混合物，其分子量大且结构复杂，包括植物树胶和植物种子胶两类。随着新型糊料的开发，植物种子胶及其衍生物的应用越来越多。植物树胶有阿拉伯树胶、龙胶、结晶胶等，植物种子胶主要有皂荚豆胶、刺槐豆胶、瓜耳豆胶等。

1. 龙胶　龙胶（gum dragon）也叫阿托辣甘树胶，由南美、中东、中亚等地的有刺灌木植物皮缝分泌的液体凝固而得，产品呈白色至微黄色半透明的带状、片状、粒状和粉状，表面有条纹，质地坚硬，无臭味。主要成分为直链龙胶酸和支链多糖巴索酸。直链龙胶酸能溶于水而成胶体溶液；支链多糖巴索酸难溶于水，但可以在水中膨胀，加热后呈黏稠液体。龙胶糊一般呈弱酸性半透明状，能耐一定的弱碱，对有机酸较稳定。龙胶的化学结构式如下：

原糊的制备：

龙胶	8～10kg
水	x
合成	100kg

　　煮糊前首先将龙胶置于冷水中浸泡24h，并适当翻动，防止露出液面，待充分溶胀后，将其倒入锅中在不断搅拌下沸煮12～16h，直至颗粒完全消失成均匀透明状，冷却过滤后即可使用。龙胶糊煮得越透，黏度越低，匀染性越好。一般糊料呈偏酸性，可用淡碱中和至pH=7左右。

　　龙胶成糊率高，抱水性好，渗透性好，印花均匀，染料传递性好，给色量高，汽蒸时无渗化现象，易洗性好，是印花用的优良糊料，但原糊来源少、价格较贵，故一般常与其他糊料拼混用于精细花纹的印制。

　　2. 阿拉伯树胶　　阿拉伯树胶（Arabic gum）是由产于阿拉伯和非洲的植物阿克西亚树（金合欢树）所分泌的液汁干涸而成的树胶，品种随着采集地和生产过程的不同而有所差异。

　　阿拉伯树胶的主要组分为多糖醛酸的钙、镁或钾盐，能溶于水，不溶于大多数有机溶剂，其水溶液呈弱酸性，遇重金属离子易形成沉淀。阿拉伯树胶常制成50%含固量的原糊，该糊抱水性好，黏着性高，是最近似牛顿流体的原糊，具有优良的印花性能，烘干后的原糊结膜层虽稍硬，但易洗除。

　　阿拉伯树胶除用于丝绸、羊毛织物印花外，特别适合于疏水性织物的印花，印得花型线条轮廓光洁清晰，手感良好，但给色量稍低，成本较高。

　　3. 结晶胶　　结晶胶又称工业胶，是几种多糖体组成的混合物，组分中含有卡拉亚胶和嘉梯胶，这些植物胶部分溶于水、部分不溶于水。

　　结晶胶是由未经处理的胶经水溶胀，加酸、加压煮沸，除去杂质后精制而成。片状的结晶胶能迅速溶解于冷水中，对酸、碱稳定性很好。含固量30%的结晶胶，其性能与阿拉伯树胶相似，印制的花纹轮廓清晰，色泽均匀，且易洗性好。

4. 合成龙胶　合成龙胶（synthetic gum dragon）是采用皂荚豆粉或槐树豆粉醚化而成的印花糊料，目前用得最多的是羟乙基皂荚胶粉，其主要化学成分是甘露糖和半乳糖的多糖高聚物，其中以多甘露糖为主，其结构式如下：

合成龙胶大部分由刺槐豆胶、皂荚胶等与氯乙醇在碱性溶液中反应制得，随醚化程度不同，性能也有所差别，反应式如下：

$$\text{皂荚胶—OH} + \text{NaOH} + \text{ClCH}_2\text{CH}_2\text{OH} \xrightarrow{\text{酒精}} \text{皂荚胶—O—CH}_2\text{CH}_2\text{OH} + \text{NaCl} + \text{H}_2\text{O}$$

原糊的制备：

合成龙胶	4kg
水	x
合成	100kg

将合成龙胶慢慢撒入盛有80℃左右的热水煮糊锅中，注意要快速搅拌，以防结块产生，在继续搅拌下用蒸汽加热煮沸1~2h，使其充分溶解成无颗粒透明胶体，用隔层流动水冷却至室温即成。成糊后，用少量醋酸调至中性，再加入40%甲醛20mL作为防腐剂。

合成龙胶除具有天然龙胶渗透性好、成糊率高、印花均匀性好、手感好、易洗除特点外，还具有抱水性好、色素少、成膜透明坚固、pH适应性广（可用于pH＝3~13范围）等优点，但对铜、铬、铝金属离子较敏感；非常适合调制印地科素色浆和酸性染料色浆，也可用于色基色浆精细花纹的印制，但不适合活性染料色浆的调制。

5. 植物胶及其衍生物糊的印花特性（表2-4）

表2-4　植物胶及其衍生物糊的印花特性

项目	龙胶	阿拉伯树胶	结晶胶	羟乙基皂荚胶
给色量	较好	稍差	稍差	一般
匀染性	一般	稍差	良好	好

续表

项目	龙胶	阿拉伯树胶	结晶胶	羟乙基皂荚胶
渗透性	良好	良好	良好	良好
尖锐性	良好	良好	良好	良好
流动性	近牛顿型	牛顿型	牛顿型	近似牛顿型
易洗性	良好	良好	良好	良好

五、乳化糊

乳化糊是由高沸点的白火油（沸点 200~220℃）和水两种互不相溶的液体，在乳化剂及高速搅拌下所制成的一相以极细的液珠分散到另一相中的分散体系。常用的乳化糊有乳白色油/水型（油为内相或分散相，水为外相或称连续相）和淡蓝色闪光的水/油型（水为内相、油为外相）两种形式。在使用乳化糊时，温度不宜过高，温度高不但降低黏度，而且乳化分散体系稳定性变差，甚至会发生破乳现象；而温度太低，使水相结冰后，也会发生破乳现象。

乳化糊印制到织物上后，由于火油优良的润湿性，会先于水浸透到织物内部，并形成一防水层从而阻止了水的渗入，因此涂料或相关染料只留在织物外层，同时由于火油的易挥发性，印花烘干后的纺织品上残留的固体很少，不会影响印花的色泽和手感，故乳化糊具有渗透性好，得色鲜艳，印花均匀，花纹精细光洁，手感好等特点，特别适用于合成纤维织物的涂料印花，也可适用于湿罩湿印花工艺，且随着技术的进步，乳化糊现作为一种主要糊料，可用于各种材质的印花。乳化糊也存在着明显的不足，烘干时挥发出的火油造成空气污染且易燃、易爆，若加工不当还会使产品残留火油气味；乳化糊中含水很少，故只适用于溶解度好的染料，由于乳化糊中有较多乳化剂，这些乳化剂多数对染料有缓染作用，使给色量降低，且汽蒸时易渗化，造成混纺织物印花时对另一纤维沾色。为了克服上述缺点，可在一般染料印花时，拼混其他糊料制成半乳化糊。

乳化糊除用于涂料印花外，还常用于其他类别的染料印花，但不适合所有染料，由于各类染料印花性能和使用药剂不同，选择乳化糊也应随之改变，一般要求乳化剂与黏合剂类型相同，目前国内主要使用油/水型黏合剂，故选用油/水型乳化剂。

工厂自制乳化糊，具体的制备方法如下：

	厚浆	薄浆
白火油	72~77kg	70kg
水	13~18kg	26.5kg
5%合成龙胶	—	1kg
平平加 O	4kg	2.5kg

尿素	6kg	—
总量	100kg	100kg

操作方法：在温水中加入尿素待充分溶解后，在搅拌状态下加入平平加 O，缓慢撒入合成龙胶搅拌至无颗粒为止，在高速搅拌下，慢慢滴加白火油，加完后继续搅拌 30min，使其充分乳化，得到乳白色的乳化糊。用于调制印花色浆的厚糊一般平平加 O 和火油用量也较多。若制成的色浆太厚，不能用水直接稀释，必须用薄的乳化糊来冲淡，薄浆是含少量合成龙胶或羧甲基纤维素或海藻酸钠乳液，薄浆用量不宜多，否则将影响印花色牢度。

乳化剂是乳化糊的制备中极其重要的助剂，其中阴离子型和非离子型两种是常用的乳化剂，阴离子型乳化剂可使分散相（内相）表面带电荷，虽分散稳定性好，制得的糊黏度也较高，但遇到阳离子型物质时，易产生破乳和沉淀，影响稳定性，故涂料印花常用非离子型乳化剂，如平平加 O 等。

六、合成糊料

20 世纪 70 年代后，随石油工业飞速发展，及混纺织物快速发展，涂料印花得到快速发展，乳化糊中的火油安全和污染问题引起广泛重视，世界各国都先后研制出多种合成糊料（synthetic thickener）以替代涂料印花中的乳化糊，其使用越来越普遍，它除了具有增稠作用外，还兼有乳化、柔软、催化、保护胶体和促进剂的功能。目前应用较多的为丙烯系和丁烯系羧酸衍生物的多元聚合体，分子结构的主链上具有大量羧基，主链间具有较广泛的交联度，它一般由三个或更多的单体通过乳液聚合或共聚而成。

第一单体是主要单体，多为烯烃酸，如丙烯酸、甲基丙烯酸、衣康酸、马来酸或马来酸酐等水溶性单体，其含量为 50% ~80%（摩尔分数）。聚合后的烯烃酸能在水中电离成羧基负离子（—COO⁻），使大分子因静电斥力而在水中伸展，黏度升高，并使合成糊料具有良好的水溶性和分散性。

第二单体可以是丙烯酸或甲基丙烯酸的甲酯、乙酯、丁酯等，也可以是苯乙烯、醋酸乙酯等，其含量为 15% ~40%（摩尔分数）。它可增大合成糊料的相对分子质量，降低压透性，以提高涂料或染料的表观给色量。

第三单体通常为双烯类化合物，如双丙烯酸丁二酯、邻苯二甲酸二丙烯酯和异氰尿三丙烯酯，也可用乙二胺、乙醇胺或丁二醇等，其含量占 1% ~4%（摩尔分数）。由于具有两个双键，则它既可以与第一单体、第二单体共聚形成合成糊料大分子，同时又可以产生交联作用，而形成网状结构，使合成糊料黏度增加，具有明显的增稠作用。

原糊的制备：

合成糊料	1 ~2.5kg
25% 氨水	0.5 ~1.5kg

水	x
合成	100kg

先用冷水将氨水稀释，在快速搅拌下将合成糊料加入氨水溶液中，使合成糊料中的羧基在氨水作用下，转化成羧酸铵盐，分子链伸展而使体积剧烈膨化，得到乳白色半透明的原糊。

合成糊料使用非常方便，制糊和色浆调制时不必事先煮糊，印花色浆加厚或冲稀极为便利，且易洗性好，花色鲜艳，白地洁白。但合成糊料的成膜和黏着力差，虽本身不溶于水，但铵盐或钠盐有极大水溶性，印花后织物在一般汽蒸固色时由于吸湿易引起渗化，宜采用高温常压或焙烘固色工艺，使用焙烘工艺时为防止烘干后皮膜脱落，不宜急烘和过度干燥。

合成糊料对电解质较为敏感，原糊黏度随电解质增加而明显下降，且钙盐最明显，同时pH 也会影响其黏度，pH = 7.3 ~ 8.3 时黏度最高，超过这一范围黏度略有下降，故调制时加入氨水以维持 pH。合成糊料具有极佳的触变性，是平版筛网印花和圆网印花理想糊料。它制成极稠厚色浆，印制时，由于刮刀或磁棒的剪切作用，黏度下降，色浆变稀，流动性好，易通过高目数筛网印制到织物上。当刮刀或磁棒外力一旦消失，色浆又很快恢复，印花轮廓极为清晰，线条精细，给色量高。

合成糊料可分为非离子型和阴离子型两种，非离子型使用方便，适应性强，但增稠效果不及阴离子型；阴离子型用量少、增稠效果好，给色量高，对印花影响小，但黏度受电解质影响大，因此使用受到一定限制。

学习任务 2 - 3　印花色浆调配设备

知识点

1. 印花色浆的基本组成及各部分作用。
2. 合理选择原糊。
3. 印花色浆自动调配系统。

技能点

使用调浆设备进行调浆。

纺织品印花是将印花色浆通过适当的印花方式，如台板、圆网、平网、数码等方式印制到织物上，经固色、水洗后，染料上染纤维在织物上形成花型图案完成印花。其中色浆好坏直接影响印花效果，主要体现印花色浆调制不当会使织物上花型色泽或深或浅、色泽不够鲜艳、白底不白、黑花不黑等不符合花布图案色泽要求；同样影响设备的生产效率及印花效果，色浆调制不当会产生各种疵病，也会影响加工成本。在印花色浆调制时除水以外，还用大量原糊，故调制高浓度染料印花色浆，如何使染料溶解是关键，为此，在调制色浆时，应准备好调浆用容器、量器、滤布、调浆棒等，并检查煮浆锅、球磨机、搅拌机能否正常运转，校验相关的计量仪器，严格按配方规定及程序进行称量及调制色浆，并及时如实记录过程。使用残浆时，要先检查是否有沉淀，一般情况下必须经快速搅拌，添加新鲜原糊，经过滤、确认无色点后方可使用，为了提高印花质量，残浆一般用在不够鲜艳小面积花型或适量与新浆掺混使用。

一、印花色浆的基本组成

印花色浆通常由染料、原糊、吸湿助溶剂、氧化剂等组成。其中，染料是印花织物用着色剂，要求有良好的渗透性、扩散性，但对纤维亲和力不能太高，否则易产生白底沾色现象；原糊是染料的载体、分散介质、黏着剂，是影响印花重要因素；为了提高染料在色浆中溶解度，同时，使色浆中染料在汽蒸固色时，完成吸湿溶解对织物扩散，常用在色浆中加入尿素等吸湿助溶剂，在印花织物高温固色时，还原性气体高温下，能与染料上某些基团发生反应，使染料发生还原变化，影响色泽及鲜艳度，故可加入防染盐S、氯酸钠等氧化剂。

二、印花原糊的选用

原糊种类名目繁多，每种糊料都有自己的优点，也存在缺陷，原糊选用时要根据被印织物纤维品种、所用染料、采用印花方法及花型形状等综合考虑，有时单一糊料满足不了印花要求，可利用两种糊料的优点进行混合得到复合糊料来满足印花工艺要求。具体选择原则可参考表2-5。

表2-5 适用于不同纤维织物印花的染料及原糊

纤维	染料	糊料
棉	活性染料	海藻酸钠，海藻酸酯，变性淀粉，聚丙烯酸类合成糊料，新型复合类糊料
	还原染料	黄糊精，变性淀粉
	不溶性偶氮染料（色基印花）	小麦淀粉，羟乙基皂荚胶，海藻酸钠糊与小麦淀粉的混合糊
	涂料	乳化糊，合成糊料
丝	酸性染料	瓜耳豆胶，变性淀粉，槐豆胶
	直接染料	蒟蒻粉
	活性染料	海藻酸钠，膨润土
	金属络合染料	瓜耳豆胶，半乳甘露糖，天然龙胶
	涂料	特软型合成糊料
羊毛	酸性染料	半乳甘露糖，变性淀粉

纤维	染料	糊　　料
黏胶纤维	直接染料	海藻酸钠—淀粉—乳化糊，海藻酸钠
	活性染料	海藻酸钠，合成糊料，新型复合类糊料
	不溶性偶氮染料	小麦淀粉—合成龙胶
涤纶	分散染料	海藻酸钠，合成糊料，新型复合类糊料
	涂料	乳化糊，合成糊料
腈纶	阳离子染料	槐豆胶，变性淀粉，聚丙烯腈皂化原糊
	涂料	乳化糊，合成糊料
锦纶	酸性染料	变性淀粉
	分散染料	结晶胶，海藻酸铀
	金属络合染料	变性淀粉
	还原染料	黄糊精，变性淀粉
维纶	活性染料	变性淀粉
	分散染料	结晶胶，海藻酸钠
	金属络合染料	变性淀粉
	还原染料	黄糊精，变性淀粉
涤棉混纺	分散/活性染料直接印花	海藻酸钠—半乳化糊，新型复合类糊料
	涂料	乳化糊，合成糊料
腈棉混纺	还原染料	变性淀粉，新型复合类糊料
腈黏混纺	还原染料	变性淀粉
	阳离子/活性染料同印	海藻酸钠—乳化糊
	阳离子/直接染料同印	海藻酸钠—淀粉—乳化糊
锦棉混纺	还原染料	黄糊精，变性淀粉
锦羊毛混纺	酸性染料	瓜耳豆胶，槐豆胶
	金属络合染料	半乳甘露糖，变性淀粉
Tencel	活性染料	新型复合类糊料，海藻酸钠
Tencel 黏胶混纺	活性染料	新型复合类糊料，海藻酸钠

三、印花色浆自动调配系统

　　国内传统印染企业色浆调制大部分由人工完成，存在制糊随意性大、印花色浆配制精度低、人为因素影响大、工作环境差、生产效率低、小样对大样指导性差、技术档案存储困难、染化料浪费严重、花型重现性差等缺点。特别是当印花出口产品要求左中右色差在 4.5 级以上，批内色差、来样与成品色差在 4 级以上时，手工调浆已不能满足要求。为了减少仿色、对色对人的依赖，减少试验次数，提高产品质量，印花色浆自动调配系统在国内印染企业的应用逐步普及，它通过计算机来实现调色的自动化控制，从而使印花色浆调制实现数字化、节约染化料、提高配色准确性、保证大小样一致性、提高生产效率，是未来调浆设备应用与发展的方向。

印花色浆自动调配系统通常有计算机测配色及自动调浆两大系统组成。

1. 计算机测配色系统　计算机测配色的工作原理如图2-3所示。

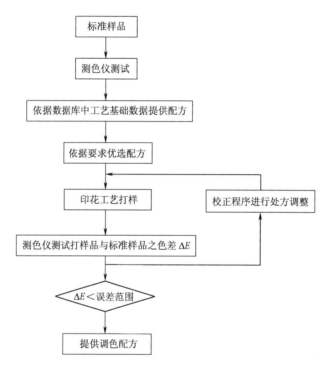

图2-3　计算机测配色的工作原理

测配色系统主要包括测色部分、配色部分和数据管理三部分，其中，数据管理又分为数据储存与调用两部分。数据储存即印花工艺基础数据库，是该系统的核心，它将每个染料按不同浓度进行小样印花，再用测色仪对该样品进行测试，并作为基础数据存入计算机以备提供调色配方之用。工厂自己的数据库内数据越多，则小样越精确，作用越方便。使用时，将客户需加工的印花品种作为标样在测色仪上进行测试，测配色系统依据测试结果按要求在数据库中寻找并打印最佳配方；试验室据此配方进行印花打样，然后测试打样样品与标样之间的色差；色差如果超出允许范围，则测配色系统会进行自动校正并打印配方，再次打样并测试色差，直至色差在允许范围内；此时，配方直接提供给配浆系统使用。

2. 自动调浆系统　自动调浆系统（图2-4）是集机械、电子、精密称重和计算机软硬件技术为一体的高技术产品。它的主要作用是通过计算机自动、准确和适时地调制出印花生产所需的色浆。具有信息共享、糊料黏度一致、配色准确、节省染化料、色浆重现性好、工作环境整洁、劳动强度低、生产效率高等特点。随着计算机技术的突飞猛进，调浆系统日益完善并越来越受到企业的青睐。该系统主要由糊料准备系统、称料化料系统以及软件管理系统组成。

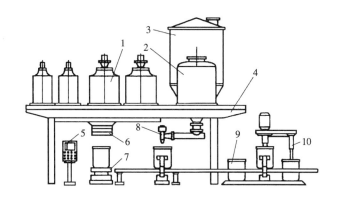

图2-4 自动调浆系统示意图

1—染液储放槽 2—水槽 3—原糊储放槽 4—高位架 5—计算机操作台
6—配浆盘 7—电子秤 8—原糊加料口 9—待搅拌色浆 10—搅拌器

（1）印花糊料准备系统。经电子秤精确称量的粉状糊料放入储管中，储管中的糊料在高速水流通过文丘里管（图2-5）时产生的真空作用下，粉状糊料被吸至文丘里管以雾状喷出与水充分混合，并在高速电动机作用下快速打浆，迅速充分混合；经自动计量加水后，在低速电动机带动下，与糊料充分混合，在低速搅拌机搅拌下把糊料搅匀；待达到预订的黏度后，糊料在高达220目的精细滤网作用下去除残留粉团，避免存放过程中沉淀的产生。高精度的分配系统能对不同黏度的糊料按照计算机程序所设定的参数进行精确分配。

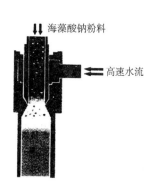

图2-5 文丘里管示意图

（2）称料化料系统。印花用粉状染料或各种染化料经高精度电子秤称重，通过高精度配水系统配水，再经搅拌过滤后放入容量为200L的储罐待用。有些染料需要加入尿素、溶解盐B等助剂来提高其溶解度。当采用还原染料或分散染料印花时，应使用超细粉（平均细度在$2\mu m$以下），如果染料颗粒达不到要求，可采用砂磨机将染料、水与助剂加入不锈钢桶内拌匀，然后加入玻璃球，高速搅拌研磨后用尼龙筛网把玻璃球滤出，即可得到悬浮体染料液。

（3）软件管理系统。当客户印花来样经测配色系统，经实验室复样，中试后达到客户要求，生产系统可根据客户的订货单的要求（如印花织物单位面积耗浆量、印花花型面积、加工量等）计算出该订单浆料耗用量，并根据桶的容量要求，自动计算分桶数量。系统在发料模块驱动下，将染料、原糊、助剂和水按色浆配比要求通过控制阀依次从各储罐中由胶管经隔膜泵输送到缓冲器，再经过滤器、分配头到达印花料桶，每种染化料注入桶内后自动计量。待发料结束后，控制系统将料桶移送至搅拌机前，待红外线检查料桶到位后，搅拌系统在升降机构作用下对色浆和糊料混合后的浆料进行充分混合，待搅拌结束后，打印机即打印出该色浆的理论用量和实际用量。

复习指导

1. 了解印花原糊在印花过程中所起的作用。
2. 掌握各种原糊的特点，它们分别适合哪些染料印花？

思考与训练

1. 什么是印花原糊？
2. 原糊在印花过程中的作用是什么？
3. 淀粉糊、淀粉微生物糊的特点分别是什么？它们分别适用于哪些染料印花？
4. 海藻酸钠糊有哪些特点？为什么它是活性染料印花最理想的原糊？
5. 合成龙胶糊的特点是什么？
6. 乳化糊的特点是什么？

学习情景3 纺织品直接印花产品加工

学习目标

1. 学会选择合适染料或涂料对纤维素纤维织物进行直接印花。
2. 学会选择合适染料对蛋白质纤维织物进行直接印花。
3. 学会选择合适染料对合成纤维织物进行直接印花。
4. 学会选择合适染料对混纺纤维织物进行直接印花。

案例导入

案例1 某厂现接到一大批家纺印花产品订单，织物品种有纤维素纤维织物、合成纤维织物、蛋白质纤维织物及混纺织物，客户要求根据纤维织物种类，以及花型特点选择合适染料进行印花，要求花纹轮廓清晰，花型逼真，牢度优良，颜色鲜艳，请根据该厂实际生产情况选择适当印花设备和蒸化设备，采用合适染料设计印花工艺（包括工艺流程、工艺配方、工艺条件及操作注意点等），并打出与原样精神一致的样品，送与客户确认。

案例2 南通圣宝杰印染有限公司是一家以高档面料印染、整理为主的大型印染企业，该企业接到南通冠达纺织有限公司一批涤棉混纺印花织物外贸订单，花型是白底碎花，要求印花后织物手感柔软，且具有较好的摩擦牢度，企业采用成本相对较低的涂料，加工中印花织物摩擦牢度未满足客户要求，为此，技术人员通过改变工艺配方、改进焙烘条件，从而达到客户要求，请分析技术人员通过什么措施来满足客户要求的。

引航思问

1. 在上述案例中，纤维素纤维印花产品选择什么染料？什么样的印花设备能够达到客户的要求？
2. 合成纤维织物和蛋白质纤维织物能否选用相同的染料进行印花？为什么？
3. 选用圆网印花机能否实现"花型轮廓清晰、逼真、牢度好、色彩鲜艳"这些要求？
4. 多组分纤维混纺织物可采用哪些印花方式？
5. 如何改善涂料印花织物的手感？
6. 非交联黏合剂与自交联黏合剂对印花产品的适应性如何？

学习任务 3-1 涂料直接印花

知识点

1. 涂料直接印花的特点。

2. 涂料直接印花色浆组成及各组分的作用。

3. 涂料直接印花加工的一般步骤。

技能点

1. 选用合适的黏合剂、交联剂和增稠剂等。

2. 涂料直接印花加工工艺的确定及实施。

直接印花是所有印花方法中最简单且使用最普遍的一种。这种印花方法是用手工或机器将印花色浆直接印到织物上。根据花样要求不同，直接印花可以得到三种效果，即白地、满地和色地。白地即印花部分的面积小，白地部分面积大；满地花则是织物的大部分面积都印有颜色；色地花是先染好地色，然后再印上花纹，这种印花方法又叫罩印。但由于叠色缘故，一般都采用同类色浅地深花为多，否则叠色处花色萎暗。

20世纪50年代以来，随石油工业快速发展，为纺织业提供大量质优价廉的纺织原料，特别是涤棉混纺织物及其他混纺织物的出现，为涂料印花提供良好的发展空间，涂料印花是借助于黏合剂（高分子聚合物）在高温处理时形成了具有一定弹性和耐磨性的透明薄膜，将不溶于水、对纤维没有亲和力、不能和纤维结合的颜料（有色物质）机械地固着在织物上的印花方法。随着新型黏合剂的不断研究，印花性能不断改善，涂料印花发展十分迅速，目前已占全世界织物印花55%以上。

涂料印花色浆调制方便，印花工艺一般为印花、烘干、汽蒸或焙烘固色即可完成，无需水洗后处理，故环保节能，同时工艺简单、流程短、生产效率高；由于涂料是依靠黏合剂黏附在织物表面，能适用于各种纤维织物的印花，对混纺织物印花更方便，印制花型得色均匀；涂料印花色谱齐全，色泽艳丽，仿色便捷，调色方便，印花疵点直观、检查方便；涂料印制花型具有层次分明、轮廓清晰、立体感强等特点。可适用于白涂料印花、金银粉印花等特殊印花，也能和其他染料共同印花，或进行防、拔染印花。

但涂料印花存在织物刷洗和摩擦牢度较差；印有大面积花型织物手感较硬；有些黏合剂存在环保问题；黏合剂在印花时过早成膜，造成嵌花筒、粘刀、阻塞筛网网眼等病疵；若采用乳化糊，由于使用了大量的火油，在印花烘干时，易燃烧和污染空气等缺点。

涂料印花色浆通常由涂料、黏合剂、交联剂、原糊及柔软剂或其他助剂等组成。

印花用涂料是织物着色剂，应具有较高的给色量、良好的着色力和遮盖力、优良的润湿分散性、较高的升华牢度，同时具有较高的耐光性、耐热性、耐酸、耐碱、耐有机溶剂等化学稳定性，常用无机颜料、有机颜料及荧光树脂三大类，其中无机颜料主要有黑色和白色及金粉、银粉等；有机颜料有不溶性偶氮染料、还原染料、酞菁染料、硫靛染料等。黏合剂能在织物表面形成透明薄膜，将涂料黏合在织物表面，可分为非交联型黏合剂、交联型黏合剂和自交联型黏合剂，自交联型黏合剂具有用量少、手感柔软、工艺简单等特点；交联剂通常是含有双官能团或多官能团的化合物，能形成纤维与纤维、黏合剂与黏合剂或纤维与黏合剂间交联，提高涂料印花的湿处理牢度和摩擦牢度。交联剂按官能团不同可分为氨基树脂类、环氧化合物类、乙烯亚胺型类、丙烯酰胺类等。原糊是涂料印花的增稠剂，主要有乳化糊和合成糊料，由于涂料色浆大部分为水相或半乳化体系，在织物上发生毛细管效应，易引起渗化而造成花纹轮廓不清，合成糊料更明显，故可采用半乳化涂料，在色浆中加入防渗化助剂。柔软剂是为了改善印花织物的手感，可采用如聚氨酯类柔软型黏合剂，或在印花色浆中加入少量柔软剂，但注意加入柔软剂后，印花织物牢度会下降。

涂料印花工艺在原有常规工艺基础上，先后出现了深色罩印印花工艺、较好手感的柔软型涂料印花工艺及具有较好弹性的胶浆印花工艺等。

一、常规印花工艺

1. 非交联型黏合剂印花工艺 黏合剂 BH、黏合剂 707、黏合剂 750BF、黏合剂 605 等都是丁苯橡胶乳液与甲壳质醋酸液的白火油乳化液，不同点在于它们之间的配比，由于丁苯橡胶含不饱和键，结膜易氧化，耐老化性较差，经高温处理或日晒，皮膜易泛黄，且丁苯橡胶本身牢度不好。而甲壳质成膜后脆性强，弹性差，不能单独作用，常和丁苯橡胶混合使用。该类黏合剂印花先经烘干后进行固色，有时还要经过水洗，去除残留火油，目前已基本不使用。

2. 交联型阿克拉明 F 黏合剂印花工艺 交联型黏合剂是由黏合剂阿克拉明 FWR 和阿克拉膜 W 组成的。阿克拉明 FWR 是由醋酸乙烯与丙烯腈共聚经还原的产物，是一种不受温度影响，能溶于酸的白色粉末，能在织物上形成无色透明薄膜；阿克拉膜 W 是一种油/水乳液，能提高牢度，同时减少黏合剂用量。

（1）工艺流程。

印花——→烘干（105℃，3min）——→固着（160℃，5min）

（2）印花色浆组成。

$$10\%\ \text{阿克拉明黏合剂 FWR} \qquad\qquad 10\sim20\text{kg}$$

$$\text{乳化糊} \qquad\qquad x$$

阿克拉膜 W	10～20kg
涂料	2～10kg
尿素	5kg
交联剂	1.5～2.5kg
合成	100kg

其中，10%阿克拉明黏合剂 FWR 的制备配方为：

阿克拉明黏合剂 FWR	10kg
水	x
醋酸（98%）	6kg
合成	100kg

（3）操作步骤。

①10%阿克拉明黏合剂 FWR 的制备。将阿克拉明 FWR 在搅拌条件下缓慢撒入冷水中搅拌均匀，并在快速搅拌下，慢慢加入用冷水稀释的醋酸溶液，继续搅拌至溶液里透明无泡为止，放置 24h 以上，待其充分溶解后再使用。

②色浆的调制。调浆时先用 10%阿克拉明黏合剂 FWR 和阿克拉膜 W 等量混合；再将涂料与尿素混合后倒入上述黏合剂中；将交联剂用冷水 1∶3 冲淡后，临用前加入色浆；最后用乳化糊或水调节到总量。

（4）注意事项。

①使用时，黏合剂用量应随涂料用量的增加而增加，否则会影响涂料的耐磨性。涂料、黏合剂、交联剂三者的用量关系为：

$$黏合剂用量(g) = 涂料用量(g) \times 2.5 + 150(g)$$
$$交联剂用量(g) = 涂料用量(g) \times 0.17 + 8(g)$$

②固色时，阿克拉明黏合剂 FWR 可不需焙烘，而在较低温度下固色，方法有：

a. 印花织物浸轧 0.5%烧碱溶液，进行碱性固色，但由于交联不完全，较少使用。

b. 印花后织物在蒸箱中干蒸 5～8min，进行高温汽蒸固色。

c. 印花烘干后织物，再经烘筒高温慢速复烘，进行复烘固色。

3. 自交联型印花工艺 自交联型黏合剂是一类分子结构中含有—COOH，—CONH 或—CH₂OH 等亲水性基团，同时具有羟甲基丙烯酰胺活性单体，需 150℃高温焙烘的高温自交联型黏合剂，或含有异（正）丁氧基甲基丙烯酰胺活性单体的只需 120℃即能交联的高温交联黏合剂，该类黏合剂经焙烘后能相互交联，使线性黏合剂形成网状结构。自交联型黏合剂浓度较高，用量较少（比非交联黏合剂用量少 20%～30%），成膜坚牢，印花后织物手感大大改善。自交联印花工艺参数见表 3－1。

表 3 - 1 自交联型黏合剂印花色浆配方及工艺条件

配方及工艺条件			棉布织物	涤纶织物	棉毛巾织物	丝绸织物
配方（%）	涂料		0.5 ~ 10	0.5 ~ 10	0.5 ~ 8	0.5 ~ 10
	黏合剂		15 ~ 30	20 ~ 30	8 ~ 15	15 ~ 30
	交联剂		0 ~ 3	0 ~ 3	0 ~ 2	O ~ 30
	乳化浆		60 ~ 70	50 ~ 70	70 ~ 90	60 ~ 70
固着工艺	烘干温度（℃）		100	100	—	100
	焙烘	温度（℃）	150	160 ~ 170	—	120 ~ 130
		时间（min）	4 ~ 6	3 ~ 5	—	3 ~ 5
	过烘	温度（℃）	—	—	110	—
		时间（min）	—	—	20	—

4. 低温自交联型黏合剂印花工艺 自交联型黏合剂印花烘干后需高温（150 ~ 160℃）焙烘 3 ~ 5min 才能固着。而低温自交联型黏合剂印花后可不需焙烘固着，一般只需 105℃/5min 加热即可。如低温自交联型黏合剂 KG – 101 是一种含固量为 40% ~ 42%，pH = 6 ~ 7，只需加热到 105℃ 就能形成无色透明薄膜，无需外加交联剂的低温自交联型黏合剂。其印花色浆配方如下：

涂料	0.5 ~ 8kg
黏合剂 KG101	35kg
A 邦浆及增稠剂	x
合成	100kg

印花工艺：

印花 $\longrightarrow$ 烘干（105℃，3min）$\longrightarrow$ 复烘（105℃，5min）

为了提高印花织物的刷洗牢度，在配制色浆时，可加入 0.3% ~ 0.5% 的（NH_4）$_2HPO_4$ 或 0.2% 的 $MgCl_2$ 和 0.2% 的柠檬酸。

5. 无甲醛自交联黏合剂印花工艺 以前使用的羟甲基丙烯酰胺类黏合剂，在使用时会释放出甲醛，不能满足生态纺织品的要求，为此，人们先后研制成功了多种无甲醛自交联黏合剂，如无甲醛涂料印花黏合剂 PPC 含固量 ≥38%，黏度 0.32Pa·s，交联后能在织物上形成无色透明薄膜。其印花色浆配方如下：

涂料	0.5 ~ 8kg
无甲醛黏合剂 PPC	30kg
A 邦浆及增稠剂	x
合成	100kg

印花工艺：

印花——►烘干（100℃，3min）——►焙烘（160℃，3min）

二、深地色罩印印花工艺

深地色罩印印花就是在地色织物上采用涂料直接印花的方法，它可分为罩印白（遮盖白）印花和着色罩印印花两大类。

1. 涂料罩印白印花 涂料罩印白（遮盖白）印花就是在地色织物上印上白色涂料来遮盖原来的色泽，使印花部分显白色。色浆组成有钛白粉、黏合剂、分散剂、增稠剂及其他助剂组成。钛白粉应选择纯度高及粒径为 0.23μm，具有良好分散性的颗粒，以提高印花后织物的白度和遮盖力。罩印白浆最好选用非离子型、含固量较高、手感较好的乳液状自交联黏合剂，也可用具有较好抗凝聚性和耐电解质性阴离子型自交联黏合剂。常选用耐电解质纯火油乳化糊。

为了使涂料罩白印花具有良好的遮盖性，较高的摩擦牢度、刷洗牢度，较好的色浆流变性和水分散性，应严格控制织物的地色染料及加工工艺。织物地色应选用热迁移性好、遮盖能力强的活性染料、分散染料和部分冰染料，不用直接染料、冰染料 AS - OL、冰染料 AS - G 和凡拉明蓝 B 等染地色，罩印时宜采用低温型自交联黏合剂，焙烘温度越低，罩白效果越好，焙烘温度超过130℃后，罩印白度随着温度的提高明显下降。

2. 涂料着色罩印印花 涂料着色罩印印花就是在地色织物上印上另一种色彩鲜艳的颜色，在遮盖地色的同时不产生第三色的印花。涂料着色罩印采用了涂料透明遮盖浆，涂料透明遮盖浆只遮盖织物上原有地色，而不影响颜料的色泽，如用遮盖白做的大红着色浆，印花后是粉红色，而用透明遮盖浆做的大红着色浆，印花后仍是大红。

（1）基本组成。涂料透明遮盖浆的基本组成有体质颜料、黏合剂和分散剂。

①体质颜料。透明遮盖浆的主要成分是一类不溶于水和有机溶剂、对酸碱较稳定、有很好遮盖力的体质颜料，该颜料按化学成分可分为钡化合物、铝化合物、钙化合物和二氧化硅四类，最常用铝化合物和钙化合物，其中铝化合物一般为硅酸铝 $[Al_2(SiO_3)_3]$。体质颜料能改善涂料的机械性能、流动性、渗透性、光泽和流变性，也能增加涂膜的厚度。

②黏合剂。应采用具有较好的抗电解质性和较好的色浆流动性的非离子型聚丙烯酸酯自交联型黏合剂。

③分散剂。分散剂的作用是能把硅酸盐体质颜料做成具有较强抗凝聚力的胶体，和黏合剂混合复配后做成具有较好流变性的透明遮盖浆。

（2）印花色浆配方。涂料透明遮盖浆的着色罩印印花工艺最大的特点是透明遮盖浆不仅比遮盖白浆有更好的遮盖力，而且有更高的给色量。在深地色织物上罩印浅色花型时，着色罩印色浆可和遮白浆一起拼混使用，其混用比例为 1 : 2 或 1 : 3。如在深蓝地色上罩印黄色就要拼入一定量的遮盖白浆。着色罩印印花色浆配方如下：

	配方 1#	配方 2#
色涂料	1 ~ 10kg	1 ~ 10kg
透明遮盖浆	30 ~ 70kg	—
低温黏合剂	—	20 ~ 30kg
罩印助剂 SA	—	8 ~ 12kg
乳化浆或增稠剂	x	x
合成	100kg	100kg

（3）印花工艺：

印花──→烘干（可自然干燥）──→低温焙烘（120℃，3min）

三、柔软型涂料印花工艺

涂料印花虽工艺简单、品种适应性广，但手感较差，始终制约着其应用的领域，为此，人们选用色浆中加入柔软剂或使用柔软型黏合剂来改善手感。

1. 在印花色浆中添加柔软剂 人们选择含有一定比例软单体聚丙烯酸酯乳液黏合剂及在印花色浆中添加柔软剂改善织物手感，其中添加了软单体的黏合剂在印制大面积花型时，手感依然较硬。添加少量有机硅类柔软剂虽然能改善织物的手感，改善色浆的刮印性，但添加过多会影响织物印花色牢度。

柔软印花色浆配方：

涂料	0.5 ~ 10kg
黏合剂	15 ~ 25kg
柔软剂 YH – P	0.1 ~ 0.3kg
乳化浆或增稠剂	x
合成	100kg

印花工艺：

印花──→烘干（100℃，3min）──→熔烘（160℃，3 ~ 5min）

2. 使用柔软型黏合剂 人们利用聚氨酯（PU）具有的耐磨、耐断裂、耐溶剂等优异性能，研制成带有异氰酸酯端基离子键的共聚物制成的水分散液，半透明阴/非离子型自交联黏合剂，印花后织物皮膜强度高，弹性好，耐干洗，织物柔软、滑爽、干燥，但由于目前价格较高，应用受到较大限制。

聚氨酯（PU）黏合剂印花配方：

色涂料	0.4 ~ 4kg
PU	4 ~ 15kg

$$\frac{\text{乳化浆或增稠剂} \qquad x}{\text{合成} \qquad 100\text{kg}}$$

印花工艺：

印花——→预烘（100～105℃，2min）——→焙烘（120～130℃，1.5min）。

四、胶浆印花工艺

弹性胶浆印花主要应用于针织物，其特点是印花部位随针织物的拉伸而拉伸，同时避免露底现象产生。

1. 弹性白胶浆印花 弹性白胶浆与罩印白浆配方相似，由钛白粉、黏合剂、增稠剂等组成，不同的是其黏合剂一定要有弹性，可选用具有较好拉伸效果和弹性的聚氨酯（PU）或聚氨酯改性的丙烯酸树脂分散乳液作为黏合剂，也可选用弹性较差的羟甲基丁苯乳胶 SD 系列黏合剂。印花后焙烘温度和时间直接影响织物印花部分的弹性和白度。印花工艺如下：

印花——→烘干（100℃，5min）——→焙烘（130℃，3～5min）。

2. 弹性彩印浆印花 弹性彩印浆与着色罩印浆配方类似，由体质颜料、黏合剂和分散剂等组成。作为弹性彩印浆的黏合剂应具有较好的弹性，如彩色透明浆 MR - 99 作为弹性彩印浆。在弹性彩印浆中加入低温交联剂 CX - 100，可提高花型在多种纤维混纺织成的弹性针织物上的牢度。印花时应严格控制焙烘温度和时间，以确保织物印花部分具有良好的弹性。弹性彩印浆配方如下：

$$\frac{\begin{array}{ll} \text{色涂料或荧光涂料} & 1～10\text{kg} \\ \text{彩色透明浆 MR - 99} & 85～95\text{kg} \\ \text{低温交联剂 CX - 100} & 1～3\text{kg} \end{array}}{\text{合成} \qquad\qquad 100\text{kg}}$$

印花工艺：

印花——→烘干（100℃，5min）——→焙烘（120～130℃，3～8min）

学习任务 3 - 2　纤维素纤维织物直接印花

知识点

1. 活性染料直接印花的方法及对染料的要求。

2. 活性染料直接印花的色浆组成及各组分的作用。

3. 活性染料一相法或二相法直接印花加工工艺。

4. 可溶性还原染料印花的概念和特点。

5. 可溶性还原染料印花色浆组成及各组分的作用。

6. 可溶性还原染料印花加工的一般步骤。

技能点

1. 选用合适的活性染料、助剂及原糊进行直接印花加工。
2. 选择活性染料一相法或二相法印花工艺，包括直接印花加工工艺的确定及实施。
3. 选用合适的助剂及原糊调浆。
4. 进行可溶性还原染料印花加工工艺的确定及实施。

纤维素纤维织物印花用的染料有活性染料、可溶性还原染料等，所用原糊分别为海藻酸钠糊和淀粉糊，印花设备主要是平网印花机和圆网印花机。

一、活性染料对纤维素纤维织物的直接印花
（一）活性染料概述

活性染料是一类能与纤维发生化学反应，以共价键与纤维相结合的染料，活性染料又称反应性染料。活性染料自1956年英国试制成功至今，活性染料的使用更加频繁，通过近50年来的生产实践和经验积累，活性染料在质与量方面均有了很大的进步，活性染料在品种改进、质量提高和新的应用技术采用等方面均取得了较大的进展。活性染料已成为纯棉、涤棉混纺纤维、粘胶纤维、天丝纤维织物等印染加工的主要染料类别。随着环保意识的加强，不溶性偶氮染料及许多棉用染料中的少数品种遭到禁用，活性染料是目前纤维素纤维织物印花的主要染料之一，活性染料直接印花也是目前纤维素纤维织物最常用的印花工艺。

近年来，活性染料发展极为迅速，我国先后生产了较为成熟的几大类活性染料品种，即X型（普通型），K型（热固型），KN型（乙烯砜型），M型（国产B型）、KE、KP型等高固色率的、色谱齐全的上百只活性染料，国外染料公司生产的活性染料品种也很多，活性染料在印花方面的应用占据着很重要的地位。

1. 活性染料印花的特点 活性染料印花工艺较为简单、品种多、色谱较全、色泽鲜艳，具有优良的湿处理牢度，印花成本较低，它调制色浆方便，印花效果好，疵病少；拼色方便，能与多种染料共同印花或防染印花，是棉纺织品印花应用最普遍的一类染料，也应用于蛋白质纤维以及化纤纺织品印花。但是，大多数活性染料氯漂牢度不高，有些染料（以溴氨酸为基本结构的活性染料）的耐气候、烟熏牢度不好，尤其是浅色如嫩黄、橙、艳红、青莲等；有些染料的固色率低，染料利用率差，水洗不当易造成白地不白的疵病，在印深浓色时，后处理容易沾色，适宜于印制中浅色花布。

2. 活性染料的化学结构及分类 活性染料是指分子中含有一个或一个以上的活性基团，在一定条件下能与纤维素纤维上的羟基、蛋白质纤维上的氨基发生化学反应生成共价键结合的一类染料。

（1）活性染料的化学结构通式。活性染料不同于其他类型的染料，这类染料的分子结构中具有能与纤维的某些基团进行反应，形成共价键结合的活性基团或称为反应基，活性染料的化学结构通式可表示如下：

$$S—D—B—Re$$

式中：D——染料发色体系或称染料母体（Dye chramogen）；

  B——连接基或称架桥基（Bridge link）；

 Re——活性基或称反应基（Reactive group）；

  S——水溶性基团（Water solubiling group）。

（2）活性染料的反应性。

活性染料的染色过程包括上染、固色和皂洗后处理三个阶段。活性染料染色时，染料首先通过范德瓦耳斯力和氢键吸附在纤维表面，并向纤维内部扩散，然后在碱性条件下，染料与纤维发生化学反应，形成共价键结合而固着在纤维上，再通过皂洗将纤维上未与纤维反应的染料（包括水解染料）洗除，减少纤维表面浮色，提高其染色牢度和鲜艳度。

活性染料固色是在一定的碱性和温度条件下，染料的活性基团与纤维发生反应形成共价键结合（简称键合）而固着在纤维上的过程。活性染料的键合机理随染料活性基的不同而异，一般有亲核取代（Nucleophilic displacement）和亲核加成（Nucleophilic addition）两种。

（二）印花用活性染料的选择

印花不同于染色的特殊性，因此适用于染色的活性染料，不一定完全适用于印花，反之适用于印花的活性染料也不一定适应于染色。一般用于印花的活性染料，会由于印花时传递色浆方式的不同，活性染料品种的选择也不同，比如在平网印花时，色浆是通过刮刀或磁棒在筛网上反复来回透过筛网而传递给印花织物；滚筒印花中，色浆是通过花筒表面压力传递给织物；而圆网印花色浆是通过圆网的转动、刮刀或磁棒的单一挤压而传递给织物，色浆只能在纤维表面起化学反应，因此，不同的印花方式对活性染料的性能提出不同要求，那么如何筛选出合适的活性染料，是印制理想的图案色彩的重要因素之一。但无论何种印花方式，对印花用的活性染料的要求是：

1. 亲和力低、直接性小、扩散性好、反应速率快、色浆稳定性要好　活性染料的印花，由于印花后即刻烘干，就不会像染色那样存在着染色平衡问题，因此，要采用亲和力低、直接性小、扩散性好的染料印花。如果使用直接性大的活性染料，虽然对染料上染有利，增加了活性基团与纤维反应的机会，但却导致其水解染料不易从纺织品上洗净，沾污白地，使白地不白；而亲和力越大，其印花沾污性就越强，易洗涤性和色牢度就越差。印花不同于染色，活性染料在竭染过程中有充分的吸色和固色时间；而印花汽蒸固着时间仅数分钟，其中包括印花色浆吸收蒸化机内蒸汽中的水分而膨润的时间，使用扩散性较好的活性染料，则有利于在汽蒸时染料从浆膜层向纤维上转移及向织物内部的渗透，也有助于未固着的染料在水洗时迅速地从织物上水洗去除。因此，印花用的活性染料以活性基反应活泼，又有较好的染料—纤维的稳定性为佳。印花用活性染料的色浆稳定性要好，即活性染料低温时反应性要低，便于调浆和印花，染料水解少，印花后经高温在碱剂作用下染料方可与纤维反应形成共价键结合。

2. 印花固色率和提升率要高　目前用于印花的活性染料品种，大多以生产方便、价格相对低廉的一氯均三嗪为活性基的 K 型活性染料为主，但此系列染料在棉上的印花固色率大多只能达到 65% 左右，为了有效提高活性染料的利用率，染料厂商对原有的含氮杂环的活性染料进行了一系列结构改进：利用三嗪环的"染料—纤维"键对碱的稳定性，引入两个相同或不同的活性基，以增加活性基与纤维反应的概率，这样既能使固色率提高又能保持化学键的稳定性。如国产的 KP 型活性染料就是含有双一氯均三嗪的活性染料，染料的直接性高，适宜印制深色产品。国产的 M 型活性染料就是含有一氯均三嗪和 β – 乙烯砜硫酸酯的双活性染料。这类活性染料都是单侧型的，两个活性基接在整个染料的同一侧，相互影响产生协同反应，反应性比单活性染料强。M 型染料的反应性介于 X 型和 K 型活性染料之间，与纤维反应的速率也快。

3. 印花后染料不容易发生断键现象，储存稳定性好　活性染料印花后的织物在储存过程中应尽量避免遇酸气发生断键现象，否则会使色泽变色、色牢度降低。大多数的 X 型活性染料易发生断键现象，在皂洗和储存时易褪色，因此很少用于印花。在活性染料印花中，K 型活性染料是较为理想的活性染料。M 型活性染料含有两个活性基，反应性能好，给色量高，适用于短蒸印花工艺，但印深色时沾色现象严重。KN 型活性染料也适用于印花，但其色浆不耐碱，不能在碱性高温下皂煮，易产生风印现象，所以 KN 型活性染料一般多采用两相法或用固色盐 FD 代替小苏打来实施印花。

活性染料拼色时，也要注意选择采用同一种类型的染料，这样，不致由于色光的多变而引起色差，也不致由于染料亲和力和扩散性的不同，造成印花烘干时染料移染的不一致，出现花纹块面不匀的现象。

所以，纤维素纤维织物直接印花所选用的活性染料亲和力要小，直接性要相对较低，固色率要高，扩散速率要快，容易洗涤。此外，还应具有较好的溶解度、色浆稳定性和各项优良的染色牢度。因此，低温 X 型（普施安 MX 型）活性染料一般不适用于印花，生产中用得很少，而中温 KN 型和国产 B 型（即 M 型）、高温 K 型（普施安 H 型）以及 KD、KE、KP 型等活性染料比较适用于印花。

（三）各类活性染料的印花特点

1. X 型活性染料　X 型活性染料与纤维素纤维生成的共价键耐酸稳定性差，故印花后的织物遇酸就会断键褪色。因此，X 型活性染料在常规印花工艺中应用较少。

2. K 型活性染料　K 型活性染料分子中只有一个活泼氯原子，反应性低，稳定性好，可以用 80℃ 以上的热水溶解染料。印花时需用较高的碱性进行固色，用小苏打为碱剂印花时，其用量比 X 型活性染料要高。

K 型活性染料稳定性高，反应速率较慢，所以汽蒸工艺时间较长，与纤维素纤维生成的共价键稳定性好。

3. KN 型活性染料　KN 型活性染料与纤维素纤维生成的共价键耐酸不耐碱，所以碱剂的用量应严格控制，且印花后织物不耐高温碱性皂洗。因此，在印花后若不及时对织物进行汽蒸或后处理，则印花织物色泽变浅，而出现风印疵病。风印产生的主要原因是：

（1）汽蒸后未及时后处理。染料与纤维形成的醚键将由于色浆中碱剂的存在而发生水解，而水解后的水解染料又将与没有反应的染料产生加成反应，最终使染料不能再与纤维反应，因而得色浅。其反应如下：

$$D—SO_2—CH_2CH_2—O—纤维素 \xrightarrow{\text{碱性水解}}$$

$$D—SO_2—CH_2CH_2—OH + 纤维素—OH$$

$$D—SO_2—CH_2CH_2—OH + D—SO_2—CH=CH_2 \xrightarrow{\text{加成}}$$

$$D—SO_2—CH_2CH_2—O—CH_2CH_2—SO_2—D$$

（2）未及时汽蒸。印花布暴露在空气中，其色浆中的小苏打可能会与空气中的 SO_2 接触，生成亚硫酸氢钠，在碱性条件下，$NaHSO_3$ 可与乙烯砜结构的染料发生如下加成反应，从而使染料失去与纤维反应的能力。

$$D—SO_2—CH=CH_2 + NaHSO_3 \longrightarrow D—SO_2—CH_2CH_2—SO_3Na$$

以上就是风印产生的主要原因。所以，防止风印产生的办法就是印花后及时对织物进行汽蒸和后处理，以克服二氧化硫的影响和避免布面长时间带碱。

4. M 型活性染料　M 型活性染料分子结构中含有一氯均三嗪和乙烯砜双活性基团，与纤维素纤维反应的机会比 K 型或 KN 型多，所以固色时间短，固色率高，且与纤维生成的共价键耐酸耐碱稳定性均比较好。

该类型活性染料的固色率虽然高，但印深浓色时，其浮色不易洗去，熨烫易沾色，耐摩擦色牢度不好，故应加强皂洗后处理。

（四）活性染料直接印花方法和工艺

活性染料印花时，品种繁多，为适应各染料的反应性和不同品种的要求，印花方法有多种，常用方法归纳为一相法印花和两相法印花两类，详见表 3-2。

表 3-2　活性染料的印花方法和工艺

印花方法		工艺流程	固色温度（℃）	固色时间
一相法	1. 汽蒸固色法	印花——→烘干——→汽蒸——→平洗	100～105	2～15min
	2. 焙烘固色法	印花——→烘干——→焙烘——→平洗	150	5min
	3. 常压高温汽蒸法	印花——→烘干——→汽蒸——→平洗	130～160	4～6min

印花方法	工艺流程	固色温度（℃）	固色时间
两相法	4. 轧碱短蒸法　印花——烘干——轧碱——汽蒸——平洗	120 ~ 130	20 ~ 30s
	5. 快速轧碱法　印花——烘干——轧碱——平洗	95	10 ~ 20s
	6. 轧碱冷堆法　印花——烘干——轧碱——冷堆——平洗	10 ~ 25	3 ~ 15h
	7. 轧碱印花汽蒸法　轧碱——烘干——印花——烘干——汽蒸——平洗	100 ~ 103	5 ~ 7min

1. 一相法印花工艺　一相印花法是将染料和碱剂都放在色浆中进行印花的方法，此法适用于反应性低的活性染料，工艺简单，但其色浆的储存稳定性低。印花色浆中含有碱剂，但所含碱剂对色浆稳定性影响较小。

（1）小苏打、纯碱印花法。此法是工厂中最常用的活性染料印花法，所采用的碱剂通常为小苏打或纯碱。印花工艺流程为：

白布印花——烘干——汽蒸（102 ~ 104℃，5 ~ 7min，或焙烘）——冷流水冲洗——热水洗——皂洗——热水洗——冷水洗——烘干

①印花色浆配方：

活性染料	0.5% ~ 10%
尿素	3% ~ 15%
热水	x
防染盐 S	1%
海藻酸钠糊	30% ~ 45%
$NaHCO_3$（或 Na_2CO_3）	1% ~ 3%
合成	100%

表 3 - 3 列出了 K 型活性染料实际调色参考工艺。

表 3 - 3　K 型活性染料实际调色参考工艺　　　　　　　　单位：g/kg

染料	小苏打	尿素	防染盐 S	海藻酸钠糊
<10	10	10		
10 ~ 25	15	10 ~ 25		
25 ~ 40	20	25 ~ 40	10	x
40 ~ 60	25	40 ~ 60		
>60	30	>60		

②色浆调制及其注意事项。调制色浆时，先把染料用冷水调成浆状，然后加入事先溶解好的尿素和防染盐 S 混合溶液，再加入温水或热水使染料充分溶解，然后将已溶解好的染料溶液过滤入海藻酸钠糊中，临用前加入纯碱或小苏打浆状液体。

a. 染料。X 型活性染料除 X3B 可用冷水溶解外，其余染料可以用不超过 60℃ 的热水溶解。K 型活性染料一般用 70℃ 左右的热水，难溶解的染料如活性嫩黄 K6G、翠蓝 KGL、艳蓝 KGR，溶解温度可提高到 90℃。当高浓度染料调制色浆时，染料溶解困难，为保证染料充分溶解，可采用"倒法"，即先把水加热到规定温度（80～90℃），然后把染料撒入，快速搅拌，使染料始终在一个大浴比下溶解，可提高溶解度，例如，溶解活性翠蓝 K–GL 即采用此法。

拼色时，应尽量选用同类染料相拼，X 型一般不能与 K 型相拼。因反应性相差太大，往往因固色条件改变而造成色差。

b. 尿素。印花色浆中的尿素用量要根据染料用量而定，染料用量在 1% 以下时，尿素用量为 3%～5%，染料用量在 1% 以上时，每增加 1% 的染料，尿素用量也相应增加 1%。尿素学名碳酰二胺，其作用有两个，其一是助溶剂，可以帮助活性染料溶解，虽然活性染料分子中具有磺酸基，溶解度也较好，但印花时染料的用量高，浴比小，所以还需尿素来助溶。尿素分子结构中的酰二胺基，可以拆开染料分子的相互作用力，降低氢键的键能，使染料的分子聚集体迅速解离而呈单分子状态，从而提高了染料的溶解度，尤其对难溶解的及染料浓度高的活性染料可多加，如活性翠蓝 K—GL，活性金黄 K—RN；其二是吸湿剂，在汽蒸时吸收水分，促使纤维膨化，同时也使染料充分溶解，有利于染料的渗透、扩散和与纤维的化合。但对于对碱敏感、色浆久置易沉淀的 KN 型活性染料来说，增加尿素用量，可防止 KN 型染料沉淀，但在焙烘固色法中，在 140℃ 以上，尿素受热后会分解出酸性物质，而消耗色浆中的部分碱剂，这使得 KN 型活性染料能与未分解的尿素发生加成反应，而最终使染料不能再与纤维反应。因此，KN 型活性染料在采用高温焙烘固色法时，印花色浆中不能加入尿素。

c. 碱剂。X 型活性染料或 KN 型活性染料，尤其反应性高的染料如 X3B 艳红、KNR 艳蓝等，碱剂应选用小苏打，同时要严格控制用量，否则将会造成过多的染料水解而影响产品质量。相反，某些反应性差的染料如 KGL 翠蓝、KBR 黑等，若碱剂用量过少，染料就难以与纤维发生充分的化学结合，而影响得色量，因此，一般可选用小苏打与纯碱的混合碱剂。活性染料染色时常用固色碱剂为小苏打、纯碱、烧碱、磷酸三钠等，但因为活性染料印花时色浆碱性不能太强。因此，汽蒸法一般常采用小苏打即酸式碳酸盐，在常温下不影响色浆的稳定性，而汽蒸或焙烘时受热会发生下列反应：

$$2NaHCO_3 \xrightarrow{\text{加热}} Na_2CO_3 + H_2O + CO_2 \uparrow$$

发生上述反应后，有大量气泡发生，分解生成的纯碱，使色浆碱性大大增加，从而有利于活性染料与纤维素纤维发生共价键结合而固着。

焙烘固色时，浅色活性染料色浆中的小苏打用量不宜过多，否则高温焙烘时所生成的纯碱，会使棉纤维泛黄，从而影响浅色花纹的花色鲜艳度。小苏打一定要用冷水溶解，否则也会发生分解反应。

对于 K 型活性染料、M 型活性染料，也可用纯碱来代替部分小苏打作碱剂；KN 型染料不宜加纯碱，以免发生水解反应及产生风印现象。

一般碱剂用量取决于染料的反应性和染料用量，见表 3 - 4。

表 3 - 4　活性染料印花的碱剂参考用量

染料用量（%，占色浆比例）	< 1	1 ~ 3	3 ~ 5	5 ~ 7	> 7
小苏打用量（%，占色浆比例）	1	1.5	2	2.5	2.5

d. 防染盐 S。防染盐 S 是一种弱氧化剂，学名为间硝基苯磺酸钠，分子式如图 3 - 1，用来抵消汽蒸时还原性气体或还原性物质（纤维素和糊料在碱性汽蒸时具有还原性）对染料的影响造成的色泽变暗淡现象，它在高温汽蒸时能与还原性物质中和，分子中硝基被还原成氨基，反应如下式所示：

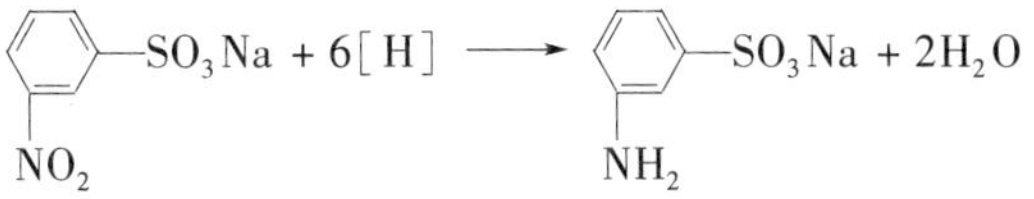

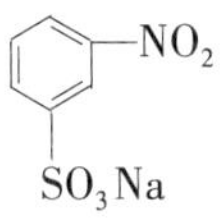

$$\text{（—SO}_3\text{Na, NO}_2\text{）} + 6[\text{H}] \longrightarrow \text{（—SO}_3\text{Na, NH}_2\text{）} + 2\text{H}_2\text{O}$$

图 3 - 1　防染盐 S 结构式

以溴氨酸为母体的活性染料，如活性艳蓝 X—BR、MBR、KGR 等，对氧化剂较敏感，防染盐 S 要少加，否则色泽淡而萎暗。

③汽蒸或焙烘。汽蒸就是固色过程，目的是使染料与纤维充分结合。活性染料和纤维反应的速率随温度升高而加快，在高温和一定湿度条件下，染料充分扩散渗透，染料在碱性介质中便与纤维发生作用而结合。汽蒸的时间取决于染料的反应性，一般为 102 ~ 104℃汽蒸 5 ~ 7min，对反应速率慢的染料，汽蒸时间可延长到 8 ~ 10min。蒸化机底层要存水，蒸化机中不能有酸气和还原性气体的存在，以免影响染料色光。

可以用焙烘代替汽蒸进行活性染料印花固色，此法适宜于 KN 型活性染料。这是由于 KN 型活性染料在汽蒸时，已形成的纤维与染料的共价键结合易水解，所以，汽蒸法的固色率比焙烘法低。

④后处理。活性染料汽蒸后要进行平洗，以洗除水解染料和未与纤维反应的染料，防止这些染料重新沾染到织物上沾污白地，影响印花织物的湿处理牢度和耐日晒牢度。水洗时，水温应由低到高，先用冷流水冲洗，在洗净后才能用热水洗和皂洗。皂洗时，为了防止沾污，皂液除含有 3 ~ 5g/L 的阴离子型合成洗涤剂外，还可加入 1g/L 的 NaOH 和少量的非离子型表面活性剂如匀染剂 O 等，以提高洗涤效率。

（2）三氯醋酸钠印花法。为了减少活性染料在碱性印花浆中的水解，在一相法印花时，可以用三氯醋酸钠代替小苏打。三氯醋酸钠的商品名称为固色盐 FD，其分子式为

CCl_3COONa。

三氯醋酸钠是一个高温释碱剂，其水溶液（1:1）pH 为 5 ~ 6，在常温下稳定，呈酸性，这对活性染料色浆储存很有利；温度达 80℃以上开始分解，逐渐生成小苏打和纯碱，呈现出碱性，能使染料与纤维素反应生成共价键结合，可用作活性染料的固色剂。其分解反应如下：

$$CCl_3COONa + H_2O \xrightarrow{加热} NaHCO_3 + CHCl_3 \uparrow$$

$$2NaHCO_3 \xrightarrow{加热} Na_2CO_3 + H_2O + CO_2 \uparrow$$

故而常温下调浆，色浆呈现一定的酸性而稳定，便于储存；高温汽蒸时，三氯醋酸钠的释碱作用，有利于染料与纤维的键合反应，且此法特别适用于稳定性差、反应性高的染料。

对 KN 型活性染料而言，采用此法，在汽蒸初期部分色浆仍保持一定的酸性，可防止风印的产生，所以，KN 型活性染料最适合用此法印花。

①工艺流程。

白布印花——烘干——汽蒸（102 ~ 104℃，7 ~ 10min）——冷流水冲洗——水洗——皂洗——烘干

在汽蒸开始的 1 ~ 2min 内，由于三氯醋酸钠的分解需要一定时间，活性染料不能即刻发生固着反应，有利于染料向纤维内部扩散渗透，而随着时间的延长，三氯醋酸钠充分分解，从而使染料充分固色。

三氯醋酸钠法一般要求汽蒸时间在 7 ~ 10min，比小苏打法的时间要长些，所以此法的着色渗透性、均匀性、固色率等均比纯碱或小苏打法要好。

②印花色浆配方。

活性染料（如 KN 型）	0.1 ~ 10g
尿素	5 ~ 8g
防染盐 S	1g
热水	x
海藻酸钠糊	30 ~ 40g
三氯醋酸钠（1:1 溶解）	5 ~ 12g
磷酸二氢钠（1:1 溶解）	0.5 ~ 1.5g
合成	100g

③注意事项。

a. 三氯醋酸钠具有腐蚀性，因此调浆容器不能用铁、锌制品，也不要与皮肤接触，慎防溅入眼内。

b. 磷酸二氢钠作为缓冲剂，使色浆 pH 控制在 6 左右，使色浆稳定，且可中和烘干时因三氯醋酸钠分解生成的碳酸钠，防止染料过早水解，但应在临用前加入。

c. 印花后的产品要马上汽蒸，若不及时汽蒸则要用布罩起来，以防止风印。

2. 两相法印花工艺 两相法印花时，其印花色浆中不含任何碱剂，而采用印花前轧碱或印花后轧碱来固色，色浆稳定，给色量高，适用于反性高的活性染料，特别适用于 KN 型活性染料，能较好地防止风印的产生，但工序较长。

（1）轧碱短蒸法。

①工艺流程：

白布印花──→烘干──→面轧碱液──→汽蒸（120～130℃，30s）──→水洗──→皂洗──→水洗──→烘干

②色浆配方：

活性染料	x
尿素	50～100g
防染盐 S	10g
海藻酸钠糊	400～500g
醋酸（30%）	5mL
水	y
合成	1000g

③轧碱液配方：

30%（36°Bé）NaOH	30mL
淀粉糊	150g
Na_2CO_3	150g
K_2CO_3	50g
NaCl	30g
水	y
合成	1000g

淀粉糊以1:2用水稀释，搅匀后再加入碱剂，使淀粉膨化为碱化淀粉糊，接着加入食盐，以防止染料在轧碱时溶落。轧碱采用面轧（又称平轧），即正面向下，织物不通过碱液仅通过两轧辊之间的轧点，下轧辊可将碱液带到织物表面完成浸轧。然后进入门式蒸化机进行快速蒸化，门式蒸箱的特点是印花织物正面不接触辊筒，可以防止花纹搭色。

（2）轧碱印花汽蒸法。

①工艺流程：

白布浸轧碱液（Na_2CO_3 10g/L，室温，一浸一轧）──→烘干──→印花──→烘干──→汽蒸（102℃，5～7min）──→冷流水冲洗──→皂洗──→烘干

②色浆配方：

活性染料	x
尿素	30～50g

水	y
防染盐 S	10g
海藻酸钠糊	400～500g
合成	1000g

本法主要用于反应性较高的 KN 型活性染料。

（3）快速轧碱法。

①工艺流程：

白布印花──►烘干──►轧碱──►平洗

此种方法特别适用于固色率高、反应性强的活性染料，主要品种为 Levafix P—A 和 Drimarene R 型等含二氟一氯嘧啶活性基的活性染料。

②色浆配方：

活性染料	x
尿素	0～20g
水	y
防染盐 S	10g
海藻酸钠糊	300～400g
合成	1000g

③轧碱液配方：

35%（40°Bé）NaOH	25mL
Na_2CO_3	150g
NaCl	150～200g
水	x
合成	1000g

轧碱温度为 95℃，浸碱时间为 10～15s，经轧碱处理，染料的固色率高，染料溶落少。织物浸轧碱液后再经平洗即可。

二、可溶性还原染料对纤维素纤维织物的直接印花

可溶性还原染料习称印地科素（Indigosol）染料，大多数是还原染料隐色体的硫酸酯钠盐，如下式所示。

$$\xrightarrow{\text{HSO}_3\text{Cl}}$$

由于磺酸基的引入，可溶性还原染料具有很好的水溶性，对纤维具有一定的直接性。当染料印到织物上，在酸性氧化作用下，染料的硫酸酯即水解成染料的隐色酸，并进一步氧化为还原染料的母体，完成其染色过程，其反应式如下式所示。

$$\text{NaO}_3\text{SO}-\text{D}-\text{OSO}_3\text{Na} \xrightarrow[\text{(水解)}]{\text{H}^+,\text{H}_2\text{O}} \text{HO}-\text{D}-\text{OH} + 2\text{NaHSO}_4$$

$$\text{HO}-\text{D}-\text{OH} \xrightarrow[\text{(氧化)}]{[\text{O}]} \text{O}=\text{D}=\text{O} + \text{H}_2\text{O}$$

可溶性还原染料匀染性和渗透性好，印制方便，工艺过程简单，而且具有全面的优良色牢度，其各项牢度远比活性染料为佳，并能与许多其他染料共同印花，但该染料价格较高。由于是还原染料隐色体的硫酸酯钠盐，使染料对棉纤维直接性降低，故一般只能作浅色印花。

染料中有些品种在染液中色泽浅淡，印花时不易觉察印疵。为了便于观察，常在印浆中加入一些对棉纤维无亲和力且又易于洗除的酸性染料来显示着色。这些示色剂有：C. I. 酸性橙 1、C. I. 酸性橙 27、C. I. 酸性紫 7、C. I. 酸性蓝 1 等。

1. 可溶性还原染料的氧化性　可溶性还原染料在酸性条件下可被氧化剂氧化成原来的还原染料而显色，但由于染料不同，其氧化难易也不同，表 3 – 5 中列出各种可溶性还原染料氧化性的难易程度。

表 3 – 5　各种可溶性还原染料的氧化性

氧化性	显色温度（℃）	所属品种
容易	20 ~ 25	溶靛素橙 HR、大红 IB、棕 IRRD、蓝 O、R、IGG、灰 IBL、青莲 IRR、溶蒽素金黄 IRK、IGK、蓝 IBC、绿 I3G、IB、棕 IBR、橄绿 IB
困难	60 ~ 70	溶靛素桃红 I3B、IR、红 HR、（蓝）O4B、O6B、青莲 IBBF、红青莲 IRH、溶蒽素绿 AB

注　工艺条件：NaNO_2 1g/L，H_2SO_4 36g/L，15min

2. 可溶性还原染料的溶解性　可溶性还原染料都能溶于水，但各染料的溶解度却不相同，一般情况下，可用 50 ~ 80℃ 的温热水来溶解，但个别染料则必须加入助溶剂。这些助溶剂的加入，除增加染料溶解度外，还对增进色泽鲜艳度及染色牢度有一定作用。这些助溶剂有：溶解盐 B、硫代二乙醇、尿素、乙二醇乙醚、二缩乙二醇等。常用的有溶解盐 B 和尿素。尿素不可过量，否则会影响染料发色。

3. 可溶性还原染料亚硝酸钠法显色直接印花　可溶性还原染料的显色方法很多，一般可分为两类，即酸浴法和汽蒸法。酸浴法的代表是亚硝酸钠法，而汽蒸法的代表是氯酸钠—硫氰酸铵法。现就亚硝酸钠法直接印花作一简述。

（1）工艺流程。

印花──→烘干──→酸显色──→透风──→水洗──→皂洗──→水洗──→烘干

（2）工艺配方。

印花原糊	40～60kg
可溶性还原染料	1～5kg
纯碱（或氨水）	0.2kg
助溶剂	0～3kg
热水	x
亚硝酸钠	0.2～2kg
酸性染料	少许
合成	100kg

（3）操作。将染料和助溶剂混合后，加入热水溶解至澄清（蓝 IBC 则宜用冷水溶解），另将纯碱溶解后加入原糊中，pH 调节至 7～8，再将溶解澄清的染料滤入糊中，搅拌均匀，最后加入亚硝酸钠溶液，搅拌均匀，过滤备用。

（4）印花色浆中各部分作用。

①纯碱。纯碱的作用是增加印花色浆的稳定性，使色浆呈碱性，防止染料受酸气侵蚀而发色，但对于溶解度小的染料，加入纯碱后会降低其溶解度，可用氨水代替。

②助溶剂。助溶剂的作用是帮助染料溶解，并能提高染料的给色量。根据染料溶解性能的不同，可采用适合的助溶剂，如尿素、硫代双乙醇、溶解盐 B 等。

③亚硝酸钠。亚硝酸钠在印花色浆中并不发生反应，但在硫酸显色时与硫酸作用而生成亚硝酸，在酸浴中的亚硝酸钠反应式如下：

$$2NaNO_2 + H_2SO_4 \longrightarrow 2HNO_2 + Na_2SO_4$$

$$2HNO_2 \longrightarrow H_2O + NO \cdot + NO_2$$

其中游离基 NO·是具有活性的氧化剂，基本上可以将所有的可溶性还原染料很快氧化。

④印花原糊。一般使用淀粉糊，但淀粉糊应事先用碱中和，不能带酸性，pH 维持在 7～8。使用淀粉糊时给色量高，但由于渗透性和匀染性差，可以用印染胶糊、淀粉醚等与淀粉组成混合糊，以改善其渗透性和匀染性。

⑤酸性染料。色浆在显色前颜色很浅，有的甚至无色，为了便于对花和及时发现印花疵病，在色浆中加入少量对棉不上色的酸性染料作为着色剂，在印花后处理中随之去除。

（5）显色及后处理。显色液配方：

63％硫酸（50°Bé）	30～40mL
匀染剂	0.5g/L

显色液温度根据染料的氧化性能分成三档，易氧化的 25～30℃，一般的 50～60℃，难氧

化的 $70 \sim 78℃$。显色后透风 $15 \sim 30s$，再充分水洗。为了防止显色液内有色泡沫被辊筒带至布面，造成色渍，可加入平平加 O 之类的表面活性剂，然后进行皂洗。

可溶性还原染料显色后与还原染料一样，皂煮对其色光的色牢度和鲜艳度都有很大的影响，原因是由于皂煮后，染料在纤维中的结晶发生重排和序化，从而提高了色泽的鲜艳度和染色牢度。一般皂洗液为肥皂或净洗剂 $5g/L$，纯碱 $2g/L$，温度要求在 $90℃$ 以上。

学习任务 3 – 3　蛋白质纤维织物直接印花

知识点

1. 弱酸性染料直接印花的色浆组成及各组分的作用。
2. 弱酸性染料直接印花加工的一般步骤。
3. 蛋白质纤维织物弱酸性染料直接印花加工的一般工艺。
4. 蛋白质纤维织物活性染料直接印花工艺。

技能点

1. 选用弱酸性染料直接印花合适的染料、助剂及原糊。
2. 进行弱酸性染料直接印花加工工艺的确定及实施。
3. 进行活性染料直接印花工艺的确定及实施。

蛋白质纤维织物包括蚕丝和羊毛织物，蛋白质纤维织物印花常采用酸性类染料，酸性类染料包括酸性染料、酸性媒染染料和酸性含媒染料三类。而根据染料的化学结构、染色性能及染色工艺条件的不同，酸性染料又分为强酸性染料、弱酸性染料和中性染色的酸性染料。酸性含媒染料又分为 1∶1 型和 1∶2 型两种，前者在强酸性条件下印花，又称酸性络合染料；后者在弱酸性或中性条件下印花，又称中性络合染料，简称中性染料。由于强酸性染料和 1∶1 型酸性含媒染料在印花时，酸性太强，高温条件下对纤维有损伤，故应用很少。酸性媒染染料使用时需经媒染处理，而媒染剂是重铬酸钾或重铬酸钠，因此，常排放较多的含铬废水，污染环境，故而也很少使用。

一、蚕丝织物印花

蚕丝织物印花具有印花花型精细、品种多变、批量小的特点，蚕丝织物印花设备目前主要采用筛网印花机（包括平网、圆网、手工台板印花），采用筛网印花法常用的印花工艺有直接印花、拔染印花和防浆印花。蚕丝织物光泽艳亮、柔和，手感柔软、滑爽，身骨挺括轻盈，再加上绚丽的色彩，其品质风格是其他印花织物所不能媲美的。常见的真丝印花绸有斜纹绸、电力纺、双绉、乔其、真丝缎等。

和染色一样，蚕丝织物印花多用弱酸性染料、1:2 型金属络合染料（简称中性染料）、直接染料及活性染料，这几类染料也可用于共同印花，还可同浆拼色印花。可溶性还原染料、还原染料也有少量应用，个别艳色可采用阳离子染料（在印花中作点缀），但其牢度差，现在生产中很少使用。

蚕丝织物印花浆中的原糊，必须适应蚕丝织物吸收性能的特点。使调成的印花浆有较好的印透性及均匀性。由于蚕丝织物要求手感柔软，糊料应有良好的易洗性，常用的糊料有淀粉衍生物（如水解淀粉、黄糊精、醚化淀粉等）以及海藻酸钠糊，但海藻酸钠糊在筛网印花时，因刮浆性能不好，易产生拉浆等疵病，故常拼混乳化糊使用，龙胶和合成龙胶糊也可应用。

蚕丝织物吸收色浆力差，印花后色浆易浮在表面，印多套色易造成相互搭色，另外织物易变形，因此，所用的印花设备应张力小、干燥快，目前多用筛网印花机即网动式平网印花机、布动式平网印花机以及圆网印花机，特别是网动热台板印花机，印花过程中即可对织物及时烘燥，非常有利于多套色叠印，可避免搭色。

为了使浮在织物表面的染料转移进入蚕丝纤维，印花后的蒸化应控制好温度及蒸化时间。蒸化时间比棉织物长；蒸化时应尽可能降低蒸化过热程度，以保证色浆中染料有充分的水分条件进行溶解和转移。但应以控制在不产生色浆渗化和搭浆为度。

1. 蚕丝织物酸性染料直接印花 弱酸性染料和中性染料是蚕丝织物印花常用的染料，弱酸性染料印花多采用弱酸性条件，而中性染料常用于弥补弱酸性染料的色谱不足或牢度不佳，是在中性条件下实施印花的，它们也可以共同印花或同浆拼色印花。

（1）工艺流程：

印花──→烘干──→蒸化──→后处理

（2）印花色浆配方：

	弱酸性染料印花	中性染料印花
弱酸性染料	x	——
中性染料	——	x
尿素	50g	50g
硫代双乙醇	50g	50g
硫酸铵（1:2）	60g	——
氯酸钠（1:2）	15g	15g
原糊	500~600g	500~600g
水	y	y
合成	1000g	1000g

（3）印花色浆的调制及注意事项。调浆时，染料先用少量水调成浆状，再选择合适的溶解方法，并加入助溶剂，使染料充分溶解后倒入原糊中，然后加入释酸剂溶液。

①染料。

a. 染料的溶解方法。弱酸性染料大多为偶氮结构，部分为三芳甲烷结构，不同结构的染料应采用不同的溶解方法，使染料很好的溶解，以防止染料使用过多，造成印花织物白地不白和染料的浪费。偶氮结构染料的分子结构中含有一定量的—SO$_3$H，只需加入一定量的温水即可溶解，三芳甲烷结构的染料分子结构中，水溶性基团含量少，常需高温沸煮或用冰醋酸助溶才能溶解完全。当使用溶解度不同的染料拼色时，应分开溶解，再进行拼混使用。

b. 染料的用量。染料的用量应控制在最高用量以下，即达到一定牢度要求情况下，纤维吸收染料有一最大量，染料超过这个用量，不仅不会使花色浓度提高，反而会由于表面染料脱落而沾污白地或浅色花纹，蚕丝印花用染料最高用量一般在20g/kg色浆内。印花时，不管弱酸性染料或中性染料，都采用近中性介质印花，染料与纤维间主要靠氢键和范德瓦耳斯力结合。

②硫酸铵。色浆中的硫酸铵为释酸剂，也可用酒石酸或草酸等；中性染料的印花色浆中不用加释酸剂；弱酸性染料和中性染料在同浆拼色印花中一般也不宜加释酸剂，否则色浆不稳定，易造成染料聚集形成色斑。

③尿素和硫代双乙醇。这两种助剂主要用于染料助溶和提高蒸化效果，也有用甘油的，但应注意蒸化时易造成渗化。

④氯酸钠（1:2）。这是一种弱氧化剂，用以抵抗汽蒸时还原物质对染料的破坏。

⑤原糊。印花浆中应有较稠厚的原糊，以保证花纹轮廓清晰，考虑到压透性和易洗性，真丝织物筛网印花可选用可溶性淀粉、黄糊精及合成龙胶糊。为提高表面得色量，可拼入少量小麦淀粉糊，但不能多拼，否则可洗性差。在同一印花设备上加工不同蚕丝织物时，应根据织物特点选用糊料，对电力纺、斜纹绸织物选用黄糊精和小麦淀粉混合糊，双绉类织物选用可溶性淀粉糊，乔其纱选用混合糊。

（4）印花操作注意事项。

①印花设备。印花设备以台板印花为主，对于精细花纹或花色鲜艳的花纹，目前仍多采用手工刮印。

②刮刀的刀口形状。印花所用刮刀按刀口形状可分为三种，即大圆口、小圆口和尖口。大圆口刮刀的刀口很圆，刮印时接触筛网面积大，色浆透过量大，适宜印制大块面花型；小圆口刮刀的刀口较圆、较薄，适宜印制中小花纹及表面光滑的薄织物；尖口（斜口）刮刀的刀口呈斜形，刀口较尖、有锋，适宜印制面积小的泥点和细茎花纹。

③刮刀硬度。刮刀材料多为一定硬度的橡皮，刮刀硬度也会影响印花质量，硬度小的刮刀利于色浆透过，但过软会造成收浆不净；硬度太大易造成跳刀露底及色浅等疵病。

④刮刀的安装。橡皮刮刀安装在刀架上，一般外露2.5cm左右。装得太高，印花时易倾

倒，用不上力，收浆不净；装得太低，缺乏弹性，易造成拉浆印。

⑤贴绸。为了保证印花质量，还必须要求贴绸平整无皱，贴绸浆也要厚薄均匀。

（5）蒸化。真丝印花织物的汽蒸常采用圆筒蒸箱星形架挂绸卷蒸，蒸箱内蒸汽表压为7.84～8.82kPa，汽蒸时间为30～40min；也可采用悬挂式汽蒸箱，汽蒸温度为102℃左右，时间为10～20min。

印花织物的得色量、鲜艳度及花纹轮廓清晰度与汽蒸湿度密切相关，既要求染料在汽蒸过程中充分转移，又不能渗化搭色。一般印花浆中需加入一定量的吸湿剂，但对于有些印花织物，如织物花纹面积大或乔其织物，常常还需要从织物背面喷雾给湿后进蒸箱，色浆中尿素用量需增大到10%。

（6）后处理。印花织物的后处理要洗除织物上的浆料，使手感柔软，并去除表面浮色及残余助剂，使花色鲜艳，白地洁白，并有一定的染色牢度。在洗涤过程中，机械张力要尽可能小，通常在绞盘水洗机中进行。若印花浆中含有淀粉类原糊，则还应经酶洗处理以确保蚕丝织物手感优良。洗涤后，为提高色牢度可用阳离子固色剂进行固色处理，最后经醋酸或蚁酸处理，可提高色泽鲜艳度和丝鸣感。后处理的一般加工过程为：

绳状浸洗或平幅水洗——→固色——→水洗——→退浆——→水洗。

在绳状浸洗时，采用平平加O（或净洗剂209或分散剂WA）1～2g/L，20～25℃，浴比为1:（50～80）；固色多以固色剂Y或非醛类固色剂1～4g/L，用HAc调pH为5.5～6，浴比为1:（30～50），在40～45℃条件下处理30min左右，固色后用冷流水冲洗10min。退浆时，可使用BF-765淀粉酶0.16～0.2g/L，浴比为1:30，在50～60℃处理30min，退浆后用40℃热水或冷流水冲洗30min。

固色和退浆次序是一对矛盾，先固色、后退浆有利于提高色牢度，减少搭色和沾染，但给退浆带来一定困难，不利于浆料洗净；而先退浆、后固色，由于退浆温度较高，会使织物掉色严重，影响花色鲜艳度。为此，有人采用在固色液中加入一些退浆剂的方法，边固色边退浆，温度掌握在35℃以下，最后再退浆一次，这样不仅有利于浆料去除，还可减少掉色。

2. 蚕丝织物活性染料直接印花　活性染料在蚕丝织物上印花除了具有类似弱酸性染料的上染性能外，还可在一定条件下与蚕丝纤维上的—NH$_2$（弱酸性介质中）、—OH（弱碱性介质中）反应，生成共价键结合，所以有酸性固色和碱性固色两种，即有酸性印花浆印花和碱性印花浆印花两种工艺，前者在印花后的洗涤后处理中可加入1g/L磷酸氢二钠进行处理，以提高固色和洗涤效果。

（1）工艺流程：

印花——→烘干——→蒸化（同酸性染料印花）——→后处理［尿素洗（15～20℃，10～15min）——→冷流水洗（60～65℃，10～15min）——→皂洗（中性洗涤剂1～2g/L，50～60℃，10～15min）——→热水洗（40～45℃，15min）——→冷水洗］

（2）印花工艺配方：

活性染料	x
尿素	150g
热水（70~80℃）	100mL
海藻酸钠糊	640g
防染盐 S（1:1）	20g
小苏打	10~15g
水	y
合成	1000g

（3）注意事项。采用活性染料印花的丝绸，在印花后的最终整理时，有时不宜用酸洗，如 X 型活性染料印花织物上，染料与纤维之间形成的共价键不耐酸洗，一旦有醋酸存在，在储存过程中就会使共价键发生水解。然而，KN 型活性染料印花织物上的共价键对酸稳定性较高。

二、羊毛织物印花

在羊毛纺织品中，市场上的印花毛纺织品约占 15%，目前主要有平纹织物和轻薄的单纱织物以及厚重的大衣呢料等。所以，印花毛纺织品拥有着较广阔的市场开发前景。

羊毛和蚕丝同属蛋白质纤维，印花所用染料、印花工艺与蚕丝相似，但羊毛纤维具有鳞片层结构，有缩绒倾向，会使毛织物的尺寸收缩和变形，也不利于印花时染料的上染，因此毛织物印花前需经氯化处理，以改变纤维表面鳞片层组织，使纤维易于润湿和溶胀，缩短印花后的蒸化时间，提高染料的上染率，同时也可防止织物在加工过程中产生毡缩现象。

羊毛织物较蚕丝织物吸收色浆的性能好，织物印花可在各种筛网印花机或滚筒印花机上进行，对原糊渗透性的要求没有蚕丝织物印花要求得那样高。由于染料对织物上染率高，后处理洗涤工艺较简单，用松式绳洗机流动水洗即可。

羊毛纺织品印花除织物印花外，还有毛条印花和纱线印花。毛条印花通常在凸纹印花机上进行，预先不经过氯化处理，印花后经纺、织可制成混色织物，纱线印花与毛条印花相似，主要用于生产花式毛线或用于织造地毯。

羊毛织物印花前的氯化处理通常在含 0.018~0.3g/L 有效氯和 1.4~1.5g/L 盐酸的氯化液中浸渍 10~20s，然后充分水洗，拉幅烘干。用于印制浅色织物时，氯化液浓度宜稍低，印制深色时浓度可稍高。氯化液中的 HCl 也可用相当的 H_2SO_4 代替，调节 pH 至 1.5~2.0，以加速羊毛的氯化反应，同时可减少羊毛织物泛黄。如在氯化处理及充分洗涤后，再经过淡甘油水溶液处理，然后拉幅烘干，可有利于印花后蒸化，提高给色量。

织物氯化处理应均匀，否则会导致印花不匀。为使氯化均匀，可用二氯异氰酸钠氯化，它在溶液中能慢慢水解出次氯酸对毛织物进行氯化。二氯异氰酸钠氯化处理浴的 pH 为 4.5~5.5，浸轧后在堆布箱中停留时间不超过 3min，然后充分水洗，脱氯，拉幅烘干。

1. 酸性染料印花 羊毛织物印花常采用酸性染料、1:2型中性染料或1:1型金属络合染料，前者印制艳亮色泽，后者印制深色花纹，色浆中加尿素作为润湿剂，帮助染料溶解和促进羊毛膨化，以利于汽蒸时染料扩散。如用硫代双乙醇或甲酸丁酯作为助剂，有助于酸性缩绒染料的溶解，还可加入甘油以有利于汽蒸固着时吸收水分。

（1）工艺流程：

印花──→烘干──→蒸化──→后处理

（2）工艺配方：

中性染料	x
尿素	50g
硫代双乙醇	50g
氯酸钠（1:2）	0~15g
原糊	500g
水	y
合成	1000g

（3）工艺操作注意事项。色浆中各助剂作用基本同蚕丝织物酸性印花部分，原糊一般选用变性淀粉糊和合成龙胶，前者适合印制花型精细、色泽浓艳的薄型织物；后者用于印制精细度要求不高的花纹。

羊毛织物印花的蒸化条件通常为过热蒸汽，若印浆中含有适当的润湿剂，则色浆含潮率可高达20%。羊毛吸湿热比任何其他纺织纤维高得多，羊毛织物进入蒸化室前其含潮率对汽蒸所能达到的温度起很重要的作用。含潮率较高时，蒸化室过热程度减小，利于纤维膨化和染料迁移。羊毛织物在进入蒸化室前一般应达到自然回潮率，烘干时避免过烘。为防止汽蒸时的蒸汽过热，可在汽蒸前将羊毛先经喷雾适当给湿，也可在织物之间夹以含潮12%左右的棉布一起汽蒸。对金属铬合染料和酸性缩绒染料，汽蒸时间为30~40min。为减少氯化织物的泛黄，可使汽蒸时间减少到15~20min。

汽蒸后水洗要防止织物擦伤，尽可能用松式绳洗，为防止未印花部位沾污，可在对织物重量为5%醋酸或甲酸液中用芳香族磺酸盐的缩聚物60℃处理20min，也可在氯水和适当的助剂存在下于50℃进行洗涤，并将织物用阳离子固色剂进行后处理，以获得良好的印花牢度。

2. 活性染料印花 毛织物也可采用毛用活性染料印花，该染料溶解度比酸性染料好，印浆中不必加染料助溶剂，可直接将固体染料撒入其中。毛用活性染料在80~100℃，pH为3~5的酸性介质中，与羊毛多肽链上的—NH、—SH、—NH$_2$和—OH基团形成共价键，能获得坚牢而鲜艳的色泽。其印花浆配方与酸性染料相似，可另加甲酸使印浆呈酸性。

如采用乙烯砜型活性染料，在中性或弱碱性条件下固色，印花浆中可加醋酸钠4%左右，其余同丝绸印花，印花烘干后汽蒸10~11min，汽蒸后充分水洗。

羊毛织物也可用涂料印花，要选择自交联黏合剂，印浆中不加交联剂，以保证织物手感。

固色采用汽蒸法，温度 102～105℃，以防羊毛泛黄。原糊选用合成增稠剂。

学习任务 3-4　合成纤维织物直接印花

知识点

1. 涤纶织物分散染料直接印花的色浆组成及各组分的作用。
2. 涤纶织物分散染料直接印花加工的一般步骤。
3. 腈纶织物阳离子染料直接印花的色浆组成及各组分的作用。
4. 腈纶织物阳离子染料直接印花加工的一般步骤。

技能点

1. 选用涤纶织物分散染料直接印花合适的染料、助剂及原糊。
2. 进行涤纶织物分散染料直接印花加工工艺的确定及实施。
3. 选用腈纶织物阳离子染料直接印花合适的染料、助剂及原糊。
4. 进行腈纶织物阳离子染料直接印花加工工艺的确定及实施。

一、涤纶织物分散染料直接印花

涤纶即聚酯纤维，其化学名称为聚对苯二甲酸乙二醇酯。它是合成纤维中出现较晚但发展最快、使用量最大的一个品种。由于涤纶长丝和涤/棉织物具有挺括、滑爽、快干、耐穿等优点而深受广大消费者的欢迎。涤纶织物分散染料直接印花常用于毛巾织物、绒类织物印花中。

分散染料是一类分子结构简单，几乎不溶于水的非离子型染料，具有微溶性，可用于合成纤维的印花，尤其适合于涤纶织物的印花，也可用于涤棉混纺织物的浅色印花。分散染料印到织物上并经烘干后，染料仅机械地附着在织物表面，并没有在纤维上固着，要使染料在纤维上固着，通常采用热熔法、高温高压汽蒸法和常压高温汽蒸法三种方法。分散染料印花一般多选用中温型和高温型的染料；而低温型的染料较少使用，且只能用高温高压汽蒸法固色。

1. 工艺流程

白布印花──→烘干──→固色──→水洗──→皂洗──→水洗──→烘干

2. 印花色浆配方

分散染料	x
尿素或其他固色促进剂	50～150g
酸或释酸剂	50～100g

弱氧化剂	50～100g
原糊	y
水	z
合成	1000g

3. 各种助剂的作用

（1）尿素。加速蒸化时染料在纤维上的吸附和扩散；防止某些含氨基的染料氧化变色。

（2）弱氧化剂。防止染料在汽蒸时被还原破坏而变色。

（3）酸或释酸剂。防止染料发生水解和还原分解等。

4. 固色方法

（1）热熔法。热熔法的固色机理和方法与热熔染色基本相同，将印花织物通过焙烘机于180～220℃干热固色。为防止染料升华时沾污白地，同时又要求达到较高的固色率，热熔温度必须严格按印花所用染料的性质进行控制。

热熔法是在紧式干热条件下进行固色的，对织物的手感有不良影响，故热熔法固色不适用于弹力涤纶织物和针织涤纶织物。

（2）高温高压汽蒸法。高温高压汽蒸法的固色机理、方法与高温高压染色法基本相同，是在密闭的汽蒸箱内于 $1.47×10^5$～$1.76×10^5$Pa、128～130℃的条件下，蒸化20～30min。汽蒸箱内的蒸汽过热程度不高，接近饱和，所以纤维和色浆吸湿较多，溶胀较好，有利于分散染料向纤维内转移。同时，又由于高压饱和蒸汽的热含量高，提高织物温度也较迅速，温度较恒定，故有利于染料上染，与其他方法相比，固色率较高。分散染料的升华温度大都远高于135℃，固色时不会产生升华沾色问题。所以分子量较小、升华温度较低的染料也能使用，染料品种的选择范围广，织物手感好，适用于易变形的织物。此法多为间歇式生产，适宜小批量加工。

此法的蒸化工艺必须严格控制，若低于120℃印花，则给色量不足；若高于150℃，由于染料水解，特别对拼色，易产生色差。汽蒸时间以30min左右为宜，过短达不到最高固着率，过长也会使染料水解产生色差。

（3）常压高温汽蒸法。常压高温汽蒸法是在常压下用175～185℃的过热蒸汽汽蒸6～10min，使分散染料固着在合成纤维上。可供选用的染料较热熔法多，但蒸化时间较长。采用过热蒸汽实施高温汽蒸固色比用热风进行热熔固色有明显的优势，在蒸化中织物上印花色浆处于 $1.01×10^6$Pa（1atm）的过热蒸汽中，糊料容易溶胀，纤维也易膨化溶胀，有利于分散染料通过浆膜扩散到纤维上，此外，过热蒸汽的热容比热空气的大，蒸汽的导热阻力较热空气的小，使得织物升温较快且温度稳定。

5. 注意事项

（1）选用分散染料时应注意对不同颜色深度有不同的要求，如中、深色花色应选用升华牢度较好的染料，采用较高的热熔固色温度，以保证较高的给色量，否则，由于温度低，虽可减少染料升华沾污白地的可能性，但在后处理时，未进入纤维内部的表面浮色在平洗中易沾污白地，致使白地不白。

（2）分散染料在分散溶解时要用低于40℃的水。

（3）由于涤纶的吸湿性差，印花色浆宜调稠一些，以保证花纹的清晰度。

（4）在同一织物上印花所用分散染料的升华温度应相近，以便选择固色条件，获得较高的染料利用率及良好的重现性。

（5）分散染料用于涤棉混纺织物印花时，色浆中不宜加尿素，否则会加重对棉纤维的沾色。

（6）调制色浆时，必须将分散染料悬浮体用温水稀释，在不断搅拌下加入原糊和必要的助剂，搅拌均匀。

（7）由于涤纶属于疏水性纤维，不易获得均匀的花纹，故而在原糊选用时应注意选择黏着力强的原糊，如龙胶糊、海藻酸钠糊等，但单独使用一种糊得不到理想效果，常采用小麦淀粉和海藻酸钠混合糊、淀粉醚化物和合成龙胶混合糊。

二、腈纶织物阳离子染料直接印花

腈纶织物主要用阳离子染料印花，阳离子染料是一种色泽十分浓艳的水溶性染料，在溶液中能电离生成色素阳离子和简单的阴离子，是含酸性基团腈纶的专用染料。国产腈纶都是含酸性基团的腈纶，用阳离子染料印花可以获得非常浓艳的花纹，而且湿处理牢度和耐摩擦牢度优良，色谱齐全，耐日晒牢度与染料所带正电荷的多少有关，一般随染料所带正电荷的增加而降低。腈纶织物也可使用分散染料、还原染料和涂料来进行印花。分散染料对腈纶仅能印得浅色，且染料的递深能力差，所以很少应用。

腈纶耐酸和耐有机溶剂性良好，对氧化剂较稳定。但在高温下遇碱，由于热分解而易造成织物泛黄；同时，腈纶对温度较敏感，张力下易产生变形，造成永久性折痕，且降低光泽，失去蓬松性。

1. 工艺流程

印花——→烘干——→汽蒸（103～105℃，30min）——→冷水冲洗——→皂洗（净洗剂1.5～2g/L，50～60℃）——→水洗——→烘干

2. 印花色浆配方

阳离子染料	x
古立辛A	30g
醋酸	10～15g
酒石酸	15g
氯酸钠	15g
原糊	400～600g

沸水	y
合成	1000g

色浆调制时，首先将染料用助溶剂古来辛 A 调成浆状，然后加入醋酸和沸水，使染料充分溶解，而后趁热加入到偏酸性的印花原糊中。醋酸可帮助染料溶解，同时还可提高色浆的稳定性，边搅拌边加入酒石酸，最后加入氯酸钠。印花原糊常用合成龙胶糊及其混合糊，不能用阴荷性糊。

3. 各助剂的作用

（1）醋酸及古立辛 A。可提高色浆的稳定性，改善阳离子染料的溶解性。

（2）酒石酸。防止印花后烘干时，由于醋酸的挥发使 pH 升高，造成某些阳离子染料的破坏变色。其用量要适当。

（3）氯酸钠。防止汽蒸时染料被还原变色。

4. 注意事项

（1）印花原糊应以印染胶、甲基纤维素糊、羧乙基皂荚胶糊为主。

（2）拼色时，应选用配伍值相等或相近的染料。

（3）由于阳离子染料对腈纶的直接性高、扩散较慢，因此印花后的蒸化时间较长。

（4）腈纶织物在加热情况下受张力极易变形，故应采用松式蒸化设备。

学习任务 3-5　混纺纤维织物直接印花

知识点

1. 综合印花的概念和特点。
2. 使用一种染料印制两种纤维织物的工艺方法。
3. 涤棉混纺织物分散/活性染料同浆印花色浆组成及各组分的作用。
4. 涤棉混纺织物分散/活性染料同浆印花加工的一般步骤。
5. 其他混纺织物印制工艺方法。

技能点

1. 选用涤棉混纺织物分散/活性染料同浆印花合适的染料、助剂及原糊。
2. 进行涤棉混纺织物分散/活性染料同浆印花加工工艺的确定及实施。

一、综合直接印花

综合直接印花是指用不同类别的染料色浆共同印制同一织物的印花加工方法，包括同浆印花和共同印花两种。同浆印花是将不同类别染料放在同一色浆中印制在织物上的印花工艺；

而共同印花是指用不同类别的染料或涂料分别印制在同一织物上的印花工艺。由于不同类别染料的性质差别很大，因此，在使用同一类别的染料印制，但达不到图案的色泽要求时，才考虑使用综合直接印花。在制订印花工艺时，必须综合考虑各类染料及其助剂间的相容性，确保所用的工艺条件能满足各类染料的固色要求。

共同印花时，花筒的排列即颜色的排列，要综合考虑染料的类别，花型的大小、结构，不同的配色关系等，一般原则如下：

（1）小面积在前，大面积在后；浅色在前，深色在后（但在压印和碰印的花型中，正好相反）；色艳在前，色暗在后。目的是为了防止传色，保证花型色泽的鲜艳度。

（2）凡其中一个颜色在花型结构上与另外两个颜色的图案对花紧密时，则此色的色浆应排在两色之间，称为挑扁担排列。

（3）当涂料与其他染料同印时，一般涂料在后，易于处理疵病。

二、涤棉混纺织物直接印花

1. 同一染料印制两种纤维　用一种染料印花，可以使用的染料有涂料、分散染料、还原染料、缩聚染料、可溶性还原染料等。

（1）分散染料印花。分散染料用于涤棉混纺织物印花的方法主要有热熔法、高温高压汽蒸法和常压高温汽蒸法。这三种方法与染色部分介绍的分散染料固色方法相类似，故不多叙述。

①色浆配方：

分散染料	10g
六偏磷酸钠	3g
防染盐S	10g
（或氯酸钠	1~3g）
海藻酸钠糊	400~600g
水	x
合成	1000g

②工艺流程：

印花——→烘干——→常压高温汽蒸固色（150~180℃过热蒸汽，4~8min）或热熔固色（195~200℃，45~50s）——→水洗——→皂洗——→水洗——→烘干

③注意事项：

a. 六偏磷酸钠用热水溶解后需冷却至40℃以下再加入到分散染料中，温度过高，分散染料将会凝聚。

b. 防染盐S用热水溶解后需冷却至40℃以下再过滤后加入到海藻酸钠糊中。若防染盐S不足以防止分散染料在高温焙烘或汽蒸固色时分解变色，则可加入氯酸钠0.1%~0.3%，但

不能加入过多，过多会造成色斑。

c. 为了提高色浆的刮印效果，可加入适量乳化糊。

④分散染料色浆的 pH 应控制在 5 ~ 5.5，pH 低于 3 或高于 10，都会降低染料在涤纶上的上染率，并造成棉的沾色。

（2）可溶性还原染料印花。可溶性还原染料是水溶性阴离子型染料，对棉有亲和力，对涤纶不上染，只有在染料水解氧化显色成为还原染料（类似于分散染料）后，才能热熔上染涤纶。所以，可溶性还原染料可以印制涤棉混纺织物。但大多数可溶性还原染料只能沾染在涤纶表面，造成熨烫牢度低下，即使在助剂的作用下也只有少量进入纤维内部，在涤纶上的上染量比棉上要少得多，所以一般用于印制浅色花型。适用的印花方法一般有两种，即亚硝酸钠—酸显色热熔法和亚硝酸钠—尿素热熔法，本书主要介绍亚硝酸钠—酸显色热熔法。

①色浆配方。

染料	x
亚硝酸钠	3 ~ 20g
纯碱	2g
水	y
合成	1000g

②工艺流程。

印花 ——→ 烘干 ——→ 硫酸浴显色 ——→ 冷水洗 ——→ 烘干 ——→ 焙烘（180℃，1 ~ 1.5min）——→ 水洗 ——→ 皂洗 ——→ 水洗 ——→ 烘干

③注意事项。硫酸显色后可使可溶性还原染料上染并固着在棉纤维上，但涤纶上是沾染。之后的冷水洗可洗去织物上的酸，但水洗过程不能过于激烈，否则沾染在涤纶表面的母体还原染料会被洗出，从而使给色量下降。

2. 两种染料同浆印花 涤棉混纺织物两种染料同浆印花主要以分散染料与活性染料同浆印花为主。这种方法具有色谱齐全、色泽鲜艳、工艺简单等特点，主要用于涤棉混纺织物的中深色印花。印花时，分散染料通过热熔上染涤纶，然后通过汽蒸，使活性染料上染棉纤维。虽然工艺简单，但存在一定问题，主要是两种染料分别上染不同纤维时对另一种纤维的沾色，造成白地不白，导致织物湿处理牢度下降，使颜色萎暗等，因此，为了获得良好的印制效果，印花前需要对两种染料进行筛选。

（1）染料的选用。

①活性染料的选择。活性染料应选择色泽鲜艳、牢度好、扩散速率高、固色快、稳定性好、易洗涤性好、对涤纶沾色少、在弱碱性条件下固色的品种。

适宜于印制中、深色的活性染料有：黄 K—4G、黄 K—6G、金黄 K—2RA、金黄 M—5R、橙 K—GN、橙 K—2GN、橙 K—2R、橙 K—7R、黄棕 K—GR、红 K—2G、红 K—2BP、翠蓝 K—GL、黑 K—BR、黑 M—2R、灰 M—4R、灰 KB—4RP 等。

适宜于印制中色的活性染料有：黄 X—RN、红 M—8B、蓝 M—BR、蓝 K—NR、Remazol 艳蓝 R 等。

不适宜于涤棉混纺织物同浆印花的活性染料有：橙 HR、橙 K—G、青莲 K—3R、蓝 X—BR、棕 KB—3R 等。

②分散染料的选择。分散染料应选择在弱碱性条件下固色好、染料的升华牢度高、色泽鲜艳、具有一定的抗碱性和耐还原性及对棉纤维沾色少的品种。

升华牢度高的分散染料适宜于印制深色花型；升华牢度中等的分散染料适宜于印制中色花型；升华牢度低的分散染料适宜于印制浅色花型。

（2）印花工艺。

①小苏打同浆印花法。色浆配方为：

分散染料	1～100g
活性染料	1～100g
防染盐 S	10g
小苏打	10～20g
尿素	30～50g
海藻酸钠糊	x
合成	1000g

工艺流程为：

印花——→烘干——→热熔固色（180～190℃，2～3min）——→汽蒸——→水洗——→皂洗——→水洗——→烘干

其中，皂洗液配方为：

30% 烧碱	3g
碳酸钠	3g
六偏磷酸钠	0～3g
乳化剂 EM（或匀染剂 O）	2g
水	x
合成	1000g

注意事项：

a. 热熔固色后，后处理要充分，且布速要快。

b. 皂洗液也可用烧碱和非离子表面活性剂的混合液（pH≈12），并逐格升温。

c. 原糊。一般选用低聚或中聚海藻酸钠糊，要求色浆内含固量为 2%～3%。

d. 尿素。印制深色花型时，一般只加少量尿素。印制中色花型（不包括乙烯砜型活性染料和 M 型活性染料）时，可加适量尿素，用量不超过 5%；乙烯砜型活性染料与分散染料同浆印花时，碱剂的存在会使给色量下降，一般不加或少加尿素。若焙烘后不再汽蒸，即单焙

烘固色时，尿素的用量控制在 10%～15%。印制 80/20 混纺比的涤棉混纺织物时，色浆中不加或少加尿素为好。

②两相法。

a. 色浆配方：

分散染料	x
活性染料	y
尿素	10～50g
防染盐 S	0～10g
海藻酸钠糊（低聚）	300～400g
水	z
合成	1000g

b. 工艺流程：

印花——→烘干——→热熔固色（180～190℃，2～3min）——→碱固色——→平洗

③碱固色的方法。

a. 面轧碱液——快速蒸化法。轧碱液配方为：

30% 烧碱	30mL
碳酸钾	50g
纯碱	100g
食盐	15～30g
淀粉糊	150～200g
水	x
合成	1000mL

印花织物热熔固色后面轧碱液，然后汽蒸（100～102℃，30s）、平洗、烘干即可。

b. 快速浸热碱法。浸碱液配方为：

30% 烧碱	30mL
食盐	200g
纯碱	150g
水	x
合成	1000mL

印花织物热熔固色后，快速通过碱液（90～100℃），浸碱时间为 6～8s，轧液率要低，之后连续平洗，以防止分散染料和活性染料沾污白地。

（3）分散/活性染料同浆印花工艺特点。分散/活性染料同浆印花时，色浆中不加碱剂，在分散染料固色后再进行活性染料的碱固色，则具有以下特点：

①印花色浆的稳定性好。

②避免分散染料的水解，不影响分散染料的色光，给色量有所提高。

③分散染料对棉纤维的沾色减少。

④染色牢度尤其是湿处理牢度好。

⑤印花的重现性好。

三、其他混纺织物印花

1. 腈纶与纤维素纤维混纺织物印花　腈纶与纤维素纤维混纺织物一般采用同浆印花。腈纶组分可采用阳离子染料、分散染料、还原染料、涂料，纤维素组分可采用活性染料、可溶性还原染料、直接染料、还原染料、涂料等。

（1）还原染料印花。

①色浆配方。

还原染料	x
雕白粉	100g
碳酸钾	100g
甘油	30g
糊料	500g
水	y
合成	1000g

②工艺流程。

印花 —→ 烘干 —→ 汽蒸（100～102℃，15min）—→ 冷水洗 —→ 氧化（30%双氧水 3mL/L，HAc 3mL/L，90℃，20min）—→ 皂洗 —→ 烘干

③助剂说明。雕白粉是还原剂，作为还原染料的还原用剂；糊料选择印染胶较为合适；甘油具有吸湿助溶作用。

（2）阳离子/活性染料同浆印花。考虑到两种染料的离子性不同，应将两种染料色浆分别调制，在临用前拼混在一起。在染料选择方面，活性染料选择耐酸性和汽蒸时间较短的。

①色浆配方。

阳离子染料色浆：

阳离子染料	x
醋酸（1:1）	20mL
硫代双乙醇	50mL
合成龙胶和水合成	500g

活性染料色浆：

活性染料	x

尿素	50g
合成龙胶和水合成	500g

②轧碱液配方。

纯碱	150g
碳酸钾	50g
食盐	150g
35％烧碱	30mL
水	x
合成	1000g

③工艺流程。

印花——烘干——复烘——汽蒸（100～102℃，25min）——轧碱——透风——冷水洗——热水洗——皂洗——冷水洗——热水洗——烘干

2. 锦纶与其他纤维混纺织物印花　锦纶可与羊毛纤维混纺，锦纶长丝也可与黏胶长丝混纺或交织。前者可采用酸性染料和中性络合染料同浆印花；后者可采用酸性染料和直接染料同浆印花。

（1）色浆配方。

染料	x
硫脲	50g
甘油	50g
古立辛 A	50g
印染胶	500g
硫酸铵（1∶2）	50g
氯酸钠（1∶2）	20g
水	y
合成	1000g

（2）工艺流程。

印花——烘干——汽蒸（100～102℃ 25min）——水洗——皂洗——水洗——烘干

（3）助剂说明。硫脲、甘油、古立辛 A 的作用是助溶及作为汽蒸时的吸湿剂，促使纤维膨化；硫酸铵是释酸剂，氯酸钠是氧化剂，防止染料在汽蒸时受还原性气体影响发色；原糊应耐酸并具有黏着力，可采用变形淀粉、合成龙胶和印染胶等。

☞ **复习指导**

1. 掌握涂料印花的定义、涂料印花的优缺点以及涂料印花发展方向和改进的方法。

2. 了解涂料的结构和性质，印花对涂料的要求。

3. 掌握涂料的色浆组成，黏合剂的种类和性质。

4. 掌握交联剂的作用机理、种类和性能。

5. 掌握几种涂料直接印花特点、工艺流程、色浆配方及色浆中主要助剂的作用。

6. 掌握活性染料的定义和分类。

7. 掌握活性染料两种印花方法的特点。

8. 掌握分散染料直接印花特点、工艺流程、色浆配方及色浆中主要助剂的作用。

9. 掌握阳离子染料直接印花特点、工艺流程、色浆配方及色浆中主要助剂的作用。

10. 掌握酸性染料在羊毛、蚕丝织物上直接印花特点、工艺流程、色浆配方及色浆中主要助剂的作用。

11. 了解羊毛织物印花前为何进行氯化处理。

12. 了解涤棉混纺织物直接印花时使用两种纤维同时着色的方法。

13. 熟悉分散染料印制纯涤织物和涤棉混纺织物的不同点。

14. 了解可溶性还原染料印花特点、工艺流程、色浆配方及色浆中主要助剂的作用。

☞ 思考与训练

1. 简述活性染料印花特点。

2. 印花用活性染料应具备哪些性能？

3. 风印产生的原因是什么？如何克服？

4. 活性染料印花色浆中为何通常需要加入一定量的防染盐 S？

5. 活性染料一相法印花时，印后织物应立即汽蒸。而两相法印花时，印后织物可以不必立即汽蒸，为什么？

6. 活性染料一相法印花和两相法印花的色浆在组成上有何不同，为什么？试分析各自的特点及对染料的要求。

7. 活性染料印花宜选用何种原糊，为什么？

8. 试设计一个自交联型黏合剂印花工艺，并加以实施。

9. 涂料印花中，为了满足印花要求，提高印花牢度，能否加入更多黏合剂、提高焙烘温度、延长焙烘时间？

10. 涂料印花分别用乳化糊和合成糊料作原糊调制色浆，哪个调制更为方便？印花后织物进行汽蒸固色，观察花型精细度哪个更高。

11. 何谓涂料印花？试分析其主要优、缺点。

12. 涂料印花色浆通常由哪些组分组成？试述各组分的作用，并写出其印花工艺流程。

13. 常见的黏合剂有哪两类？请从结构及性能上加以比较。涂料印花对黏合剂有何要求？

14. 非反应性黏合剂按其使用单体原料的不同可分为哪几类？并列举各类黏合剂的常见产品。

15. 写出分散染料直接印花工艺流程、色浆组成及色浆中各组分的作用。

16. 写出阳离子染料直接印花工艺流程、色浆组成及色浆中各组分的作用。

17. 蚕丝织物印花可选用的染料有哪几类？试设计蚕丝织物弱酸性染料直接印花的工艺流程。

18. 羊毛织物印花常用染料有哪些？其印花特点是什么？

19. 羊毛织物印花前氯化处理的作用是什么？

20. 用分散染料分别印制纯涤织物和涤棉混纺织物时，哪种情况下不宜在色浆中加入尿素，为什么？

21. 分散染料与活性染料同浆印花的技术关键是什么？

22. 涤棉混纺织物可溶性还原染料直接印花时，通常需要在色浆中加入大量的尿素（占色浆重量的 10% ~15%），为什么？

23. 能同时上染涤和棉两种纤维的染料有哪几类？试述其中可溶性还原染料的上染机理，并设计其印花工艺流程。

24. 何谓综合直接印花？综合直接印花包括哪几种类型？

25. 试设计并实施涂料直接印花一般工艺。

26. 试设计并实施活性染料一相法及两相法直接印花一般工艺。

27. 试设计并实施分散染料直接印花一般工艺。

28. 试设计并实施弱酸性染料直接印花一般工艺。

29. 试设计并实施阳离子染料直接印花一般工艺。

30. 试设计并实施分散/活性染料同浆印花工艺。

学习情境4 纺织品防、拔染印花

学习目标

1. 了解棉类织物防、拔染印花的特点。
2. 掌握活性染料地色防染印花的工艺方法及原理。
3. 会制订活性染料地色防染印花工艺并实施。
4. 掌握拔染印花的原理，合理选用拔染剂。
5. 初步具备制订拔染印花工艺的能力。

案例导入

南通山鹰印染厂是一家生产印花面料的厂家，集多种印花技术于一体。最近接到一批订单，其中一个品种要求地色为深色，印花均匀度和渗透性要好，另一是满地色镶嵌精致白花品种，印花技术人员考虑采用直接印花如果能达到该客户要求，就能使工艺流程缩短，节省成本，所以，尝试着做了较多的直接印花试验，小样经过客户比对，花型的精致程度等品质达不到原样要求。经过协商，印花厂决定分别采用防染印花和拔染印花工艺来试验，最终布样得到客户认可，保住了一批订单的生产，为企业赢得了利润。

引航思问

1. 上述案例中涉及几种印花方法？
2. 上述案例中涉及防染印花是什么印花方法？有何优缺点？
3. 上述案例中涉及拔染印花是什么印花方法？有何优缺点？

学习任务4-1 纺织品防染印花

知识点

1. 防染印花的基本概念及特点。
2. 活性染料、分散染料的防染印花方法和原理。
3. 常见染料防染印花色浆配方及工艺。
4. 活性染料地色防染印花工艺。

技能点

1. 根据防染印花的特点和要求，制订并实施活性染料地色防染印花工艺。
2. 初步具备制订防染印花工艺的能力。

防染印花是在未经染色或已经浸轧染液但未显色（或固色）的织物上印花，印花色浆中含有能阻止地色染料上染（或显色、固色）的化学药品（防染剂），印花后染色（或显色、固色）时，印有花纹处，地色不能上染（或显色、固色），从而得到白色或异于地色的印花方法。

织物经防染印花洗涤后，印花处呈白色花纹的称为防白印花；若在防白的同时，印花色浆中还含有与防染剂不发生作用的染料，在地色染料上染的同时，色浆中染料上染印花之处，则印花处获得有色花纹，这便是着色防染印花（简称色防）。

防印印花是在印花机上印花时利用罩印的办法，达到防染印花的效果，它又可分为湿罩印防印印花法（一次印花）和干罩印防印印花法（二次印花）。湿罩印防印印花法就是花纹处的防印和地色上染同时在印花机上完成的一次印花法；干罩印防印印花法就是第一次印防染浆，烘干后，第二次印地色浆的二次印花法。

此外，如果选择一种防染剂，它能部分地在印花处防染地色，或对地色起缓染作用，最后使印花处既不是防白，也不是全部上染地色，而出现浅于地色的花纹，而这花纹处颜色的染色牢度，又合乎服用等使用标准，这就称为半色调防染印花，简称半防印花。

防染印花的特点是对于精致的白花或娇嫩的浅色花纹，若用直接印满地留白的方法，花样很容易失真，色浆在各个方向的扩散不均匀，着色花纹与满地难以对准，常常发生叠印，产生第三色或留白边现象，而采用防染印花可以克服这些不足，得到轮廓清晰的花纹图案。但工艺比直接印花复杂，生产成本高，占用设备多，同时可以用作防染印花地色染料的品种有一定限制，且在天然纤维织物上使用普遍，在合成纤维上使用困难较多，故较少使用。

一、防染原理和用剂

防染印花需借助于某种能够阻碍地色染料上染的化学药品，这种药品称为防染剂。

1. 防染剂分类　根据防染剂作用机理分为两种：一种是化学性防染剂，另一种是机械性防染剂。

（1）化学性防染剂。其作用是与地色染料固色和发色所需的化学药剂或固色时所必需的介质发生化学反应，破坏地色染料与纤维发生染着作用的最佳条件。化学性防染剂范围很广，它的选择取决于地色染料的化学性能和固色机理。例如，地色染料需在酸性介质中发色或固色，碱或碱性物质就可以用作化学性防染剂；地色染料需在碱性条件下发色或固色，适当的酸或酸剂就可以用作化学性防染剂；地色染料需在氧化剂存在条件下发色或固色，适当的还原剂就可以用作化学性防染剂等。

（2）机械性防染剂。这是一种能阻止染料与纤维接触，防止染料在纤维上固色的物质。它们能在纤维表面形成薄膜（如牛皮胶、树胶、蛋白等），或能沉积在纤维表面阻滞地色染料上染纤维的速度，或阻滞染料的固色速度（如陶土、锌氧粉、钛白粉、碳酸钙和氧化镁等不溶性物质），在以后的水洗过程中，花纹处的地色染料随机械性防染剂一起被洗除，达到防染的目的。机械性防染剂只起物理性防染作用，不参与化学反应，一般常与化学性防染剂混合使用，以提高防染效果。

2. 工艺要点及注意事项　防染剂要阻止地色固色，在整个染色过程中都必须保持这种作用。这就需要选用那些不溶于水且对染色过程没有影响的物质。实际上，减少轧染的接触时间对减少可溶性防染剂的渗化及溶落更为有效。生产上常用面轧代替浸轧，增加轧染液的黏稠度来增加织物的带液量；也可用罩印的办法代替面轧，使防染印花和染地色同时完成。

防染剂用量取决于花纹的大小和地色的浓淡，对精细花纹或浓地色，其用量较高。

可用作防染地色的染料种类很多，只要能用某种化学药品破坏或防止染料与纤维结合的条件，使印花处地色不能发色或固色，该染料就可用作防染印花地色染料。常用的地色染料有活性染料、酞菁染料等。

二、活性染料地色防染印花

活性染料由于色谱全，色泽鲜艳，牢度好而广泛应用于棉织物的染色和印花。由于大多数活性染料须在碱性介质中才能与纤维素纤维上电离的羟基发生键合反应而上染纤维，若在色浆中加入不挥发性的有机酸、释酸剂或酸式盐，印花后，再去染活性染料地色，则花纹处的酸性物质中和了染液体系中的碱剂，破坏了纤维与染料的键合，从而达到防染的目的。用活性染料作地色的防染工艺，主要以酸防染、Na_2SO_3防染及机械性半防印花为主。

1. 酸性防染印花　活性染料地色酸性防染效果除与酸的种类和用量有关外，主要取决于地色染料与纤维的亲和力，与纤维亲和力大的染料防染效果差。如活性黄 X – RN、K – R，活性艳橙 K – R、K – G，活性艳红 X – 3B。在 X 型、KN 型和 K 型活性染料中，KN 型染料比其他相同母体结构的 X 型和 K 型活性染料防染效果为佳。

（1）酸性防白印花。

①硫酸铵法色浆配方。

	配方 1	配方 2	配方 3
硫酸铵	50 ~ 60g	40 ~ 50g	40 ~ 50g
龙胶糊	300 ~ 400g	—	—
增白剂 VBL	5g	—	—
淀粉 – 印染胶糊	—	200 ~ 300g	—

涂料白	—	200~400g	200~400g
黏合剂	—	—	40g
5% DMEU	—	—	50g
乳化糊/龙胶糊	—	—	x
水	y	y	y
合成总量	1000g	1000g	1000g

配方1为一般防白浆，对于 X 型活性染料，地色浓度高时，会发生少量罩色现象，配方中硫酸铵可用等量的硫酸铝代替。

配方2在一般防白浆中加入涂料白及黏合剂，有助于提高防白度。

配方3在配方2中加入黏合剂和交联剂，可将涂料固着于纤维表面，产生立体感的白色花纹。用于涂料白防白浆的黏合剂应是耐酸的，东风牌黏合剂较为适宜，皮膜不泛黄，并为非离子型，对活性染料地色的吸附性小。交联剂宜用 DMEU，以免活性染料吸附而沾污防白涂料花纹。

②柠檬酸法色浆配方。

柠檬酸（1:1）	200g
耐酸原糊	300~400g
水	x
合成	1000g

该配方适合 KN 型活性染料地色。

③印花工艺流程。

a. 硫酸铵法防白工艺。

白布印花——烘干——轧染活性染料地色——烘干——汽蒸固色——水洗、皂洗、水洗——烘干

地色染液配方：

活性染料	x
尿素	10~15g
水	y
海藻酸钠糊	50~100g
小苏打	15~20g
防染盐 S	7~10g
合成	1000g

初开车时染液是否冲淡应根据活性染料对纤维的直接性及浸轧方式而定，直接性小的可以少冲淡或不冲淡，直接性高的需多冲淡，以求轧染时前后不产生或少产生色差。浸轧温度

25～30℃，一浸一轧或二浸二轧（印花面向下），轧液率为70%～80%。浸轧后先用红外线烘干，再用烘筒烘干，温度由低到高；烘干后在102～104℃下汽蒸5～7min，使地色染料固着。水洗要充分，皂洗前要充分去除浮色，且采用中性皂浴进行皂洗。

b. 柠檬酸法防白工艺。

先印后轧法：

白布——印花——烘干——轧染活性染料地色——固色——水洗——皂洗——水洗——烘干

先轧后印法：

白布——轧染活性染料地色（半染）——烘干——印花——烘干——固色——水洗——皂洗——水洗——烘干

地色染液配方：

	先印后轧法	先轧后印法
KN 型活性染料	x	x
防染盐 S	7g	5g
50% 乳酸	——	2g
耐酸原糊	——	50g
海藻酸钠糊	50～100g	——
小苏打	15～20g	——
水	y	y
合成	1000g	1000g

先印后轧法的固色可选择两相法或一相法，两相法在上述配方中不加碱剂。一相法固色通常采用小苏打为碱剂，不用强碱，汽蒸2～3min，或用三氯醋酸盐为碱剂，汽蒸7～8min。两相法固色采用面轧20～100g/L烧碱（36°Bé），并加入氯化钠防止染料溶落，轧后快速汽蒸充分固色。固色后水皂洗同常规工艺。

先轧后印法地色染液中加入的少量有机酸可使染液稳定，并使轧后烘干时染料与纤维素纤维键合的可能性大为降低，使防染效果得到保证。

先轧后印法的固色采用织物面轧40°Bé（480g/L）$Na_2SiO_3$600mL/L，然后进入悬挂式烘干机加热固着。固色后水皂洗同常规工艺。

（2）酸性色防印花。所选着色染料应耐酸，可在偏酸性条件下显色或固色，常用涂料或冰染料。涂料着色防染印花工艺介绍如下：

①印花色浆配方。

涂料	10～100g
尿素	50g

黏合剂	400~500g
乳化糊	x
硫酸铵	30~70g
龙胶糊	y
50% DMEU	50g
水	z
合成	1000g

②工艺流程。

白布印花──→烘干──→汽蒸──→轧活性染料地色──→汽蒸──→水洗──→皂洗──→水洗──→烘干

③工艺说明。色浆中的黏合剂要耐酸，并能在酸性介质中很好地成膜，皮膜不可有较强的吸附性能，以丙烯酸酯类为好，不能用带阳荷性的黏合剂，同时也不用交联剂 EH 或 FH，而用 DMEU 代替。色浆中加入合成龙胶糊，以增加色浆黏度，提高防染效果。

2. 亚硫酸钠防染印花　KN 型活性染料的乙烯砜基遇亚硫酸钠会生成亚硫酸钠乙基砜，使染料失去活性，反应式如下。

$$D—SO_2CH_2CH_2OSO_3Na \longrightarrow D—SO_2CH=CH_2 + Na_2SO_4$$

$$D—SO_2CH=CH_2 + Na_2SO_3 \longrightarrow D—SO_2CH_2CH_2SO_3Na$$

$$D—SO_2CH_2CH_2OSO_3Na + Na_2SO_3 \longrightarrow D—SO_2CH_2CH_2SO_3Na + Na_2SO_4$$

这个反应速率比染料与纤维反应要快得多，因此，对 KN 型活性染料地色，可用 Na_2SO_3 作防染剂进行防染印花。同时，K 型活性染料大部分较耐 Na_2SO_3，可作着色防染染料，因此，有活性防活性印花工艺。

（1）印花色浆配方。

	防白	色防
K 型活性染料	—	x
Na_2SO_3	7.5~20g	10~12g
涂料白	100~200g	—
淀粉糊/合成龙胶糊	400~500g	—
海藻酸钠糊	—	400~500g
尿素	—	50g
防染盐 S	—	10g
小苏打	—	15g
水	y	y
合成	1000g	1000g

（2）地色染液配方。

KN 型活性染料	x
尿素	50g/L
海藻酸钠糊	100g/L
防染盐 S	10g/L
小苏打	12～15g/L

（3）工艺流程。

白布——→印花——→烘干——→面轧活性染料地色——→烘干——→汽蒸——→冷流水冲洗——→水皂洗——→烘干

（4）工艺说明。

①防白浆中的涂料白为机械性防染剂，有助于改善防染效果和花纹轮廓清晰度。

②亚硫酸钠能够与 KN 型活性染料作用，生成亚硫酸钠乙基砜，使染料失去反应能力，而 K 型活性染料对亚硫酸钠比较稳定，两者不发生反应，故可以进行 K 型活性染料防染 KN 型活性染料地色的防染印花。生产上称为活性防活性印花工艺。

③亚硫酸钠的用量随 KN 型地色的深浅而增减，浅地色用量少，过多会降低色浆稳定性，花纹渗化，给色量降低，一般用量不宜超过 1.2%。深地色时用量适当增加，用量少了则防染效果差。

④用全网纹花筒罩印地色时，海藻酸钠糊增加至 400g，合成 1kg 罩印浆。

⑤一些结构复杂的 KN 型活性染料，虽然可与 Na_2SO_3 反应失去固着纤维的能力，但靠其直接性仍会使花纹处罩色，如翠蓝 KNG 等。

⑥轧染地色后应及时汽蒸，防止地色产生风印。

3. 半防印花　半防印花又称不完全的防染印花或半色调印花。它利用机械阻隔作用，使花纹处地色不能充分上染，造成花纹处色浅或叠色效应。工艺过程同一般防染印花，但防染色浆不同于前边的酸性防染或 Na_2SO_3 防染。

（1）半防印花方法。

①先印上印花原糊，再轧染或罩印地色，地色染液或色浆在花纹处被稀释，即可取得半防效果，获深浅层次花纹。

②印花色浆中加入钛白粉、涂料白、明胶之类机械性防染剂，罩印（面轧）地色时，花纹处地色仅部分能上染，获得深浅色花纹。

③醇类防染。利用醇羟基和活性染料反应，使活性染料不能再和纤维反应，也可达到半防印花的目的。如色浆中加入甘油，硫代双乙醇等都能降低花纹处活性染料的得色量。

三乙醇胺的加入也能提高半防印花效果，调节三乙醇胺的用量可以获得深浅不同的花纹层次。

半防印花是不彻底的防染印花，它不仅适用于罩印的防浆印花法，还适用于印花前轧地色，或印花后轧地色法。活性染料和地色的固着也可采用汽蒸法、两相汽蒸法和烧碱快速固着法。半防染程度取决于用剂种类和它的用量及地色浓度，可随需要调节。

（2）半防印花浆举例。

	配方 1#	配方 2#	配方 3#
海藻酸钠糊	500g	300g	500g
钛白粉	—	100g	100g
乳化糊	—	100g	—
三乙醇铵	—	—	30~50g
水	x	x	x
合成	1000g	1000g	1000g

配方 1# 半防效果差，配方 3# 半防效果最好，配方 2# 可与直接印花的活性染料色浆拼混进行叠色印花。

三、还原染料地色防染印花

靛蓝地色的防染印花已有很久的历史，多数是手工艺产品。还原染料地色的防染印花一般用于中浅色隐色体轧染的地色，其生产成本比可溶性还原染料地色的防染为低。用作色防印花的染料有可溶性还原染料、不溶性偶氮染料等。

还原染料地色防染效果的好坏，对染料的选择有较大的关系，一般宜采用隐色体电位较低、还原速率较快的染料和用碱量较低、可冷染和温染的染料。这样易获得较好防染效果，硫靛类还原染料较符合这方面的要求。

1. 防染剂的作用与选择 常用的防染剂有氯化锌、氯化钙、钛白粉、平平加 O、明胶、防染盐 S 等。

（1）氯化锌为酸性盐，能中和轧染液中的碱，使复染在防染花纹区域的还原染料隐色体变成色淀，而不能透入纤维（经后处理，色淀被洗去），且生成不溶解的氢氧化锌，在纤维表面形成一层胶状薄膜，能抵抗浸轧时的机械作用，阻止染液的浸入，达到防染效果。

（2）钛白粉为机械性防染剂，虽然它是两性物质，但其显示的碱性和酸性都很微弱。碱对于钛白粉几乎不发生作用，性质比较稳定，可补氢氧化锌防染性能的不足。

（3）平平加 O 能使还原染料的隐色体发生缓染作用，阻滞了染料对纤维的染着力和渗透性，为辅助性防染剂，有助于防白效果的提高。

（4）明胶为一胶质，起机械性防染作用，同时可防止渗化，使花纹轮廓清晰，对防白效果有帮助。

（5）防染盐 S 为弱氧化剂，能抵消保险粉的还原作用，使隐色体氧化生成色淀，在皂洗中被洗去。如有锌盐存在时，生成不溶解的间硝基苯磺酸锌而使白浆变稠。

2. 防白工艺

（1）色浆配方。

氯化锌	300~500g
钛白粉（1:1）	100~150g
明胶（或牛皮胶）	50g
平平加	30g
淀粉—龙胶糊	300~350g
增白剂 BSL	5g
水	x
合成	1000g

（2）色浆配制。

①将已磨细的钛白粉放入锅内搅拌，再加入淀粉—龙胶糊充分搅拌。

②加入已溶解的增白剂。

③在另一个小锅内，将溶解好的明胶（明胶以1:2温水浸渍，软化后在溶解锅内加温，并不断搅拌，使成糊状），加入匀染剂溶液中，再一起加入上述浆中。

④最后将已溶解的氯化锌溶液用滴液桶慢慢地滴入浆中（不可加入过快，否则易造成局部凝聚结冻现象），并不断搅拌，过滤待用。

（3）工艺流程。

白布——→印花——→烘干（——→蒸化）——→轧染——→短蒸——→冷水洗——→温水洗——→烘干——→轧酸——→冷水洗——→热水洗——→皂洗——→水洗——→烘干

（4）操作注意事项。

①白浆面积较大者，在白浆花筒后面宜用清水辊筒压过，以防止织物表面防染浆太多，在轧染时沾污轧辊或使染液破坏。

②白浆花筒一般宜刻得深些，以增进防染效果。

③如停车时间较长时，给浆辊筒与花筒要脱开，并将花筒上的印浆揩拭清洁，防止脱落。

④印花辊筒排列次序，一般防白花排在最后，如色花面积较白花大时，在色浆与防白浆中间必要时可加一个白浆辊筒，以防止传色。

3. 色防工艺

（1）色浆配方。

可溶性还原染料	x
淀粉糊	400~600g
助溶剂	0~30g
氯酸钠	10~30g
硫酸铵	30~60g

氨水（25%）	5g
防染盐 S	10～20g
钒酸铵（1%）	3～5g
水	y
合成	1000g

（2）工艺流程。

白布──→印花──→烘干──→蒸化──→轧染──→短蒸──→透风──→冷水洗──→温水洗──→烘干──→冷水洗──→热水洗──→皂煮──→热水洗──→冷水洗──→烘干

（3）操作注意事项。

①染料溶解性能良好的可不加助溶剂，溶解性能较差的，可根据染料选用溶解盐 B、尿素或助溶剂 TD 等助溶。

②氯酸钠、硫酸铵、钒酸铵用量根据所用可溶性还原染料氧化难易而增减。

③如与不溶性偶氮染料色浆同印时，可溶性还原染料色浆中需加入雕白粉约 10g/L，以免传色。因雕白粉有还原力，能把传色过来的不溶性偶氮染料的色泽消除，从而避免了可溶性还原染料本身被不溶性偶氮染料沾污。

④可用黄血盐代替钒酸铵作导氧剂（蓝 IBC 不适用，以免过氧化而呈现色光变萎泛绿），用量为 15g/L，但蒸化时间宜稍长。

⑤花纹有云纹、干笔、雪花时，应注意防染效果。

⑥与防白浆同印时，后处理在第二次平洗时要轧酸。如用助溶剂 TD 时，只能轧硫酸而不能轧盐酸，以防盐酸与助溶剂 TD 起化学作用而产生有毒的芥子气。

⑦本印花法一般适用于较浅地色，地色较深时不能获得满意效果。

⑧印花后宜立即蒸化，蒸化后轧染，以防搭色，蒸化后必要时可复烘一次。

⑨蒸化（可溶性还原染料氧化蒸化）温度 100～105℃，时间 5～10min。难氧化的染料可延长至 10～15min 或蒸两次，但应注意织物强力。

四、分散染料地色防染印花

分散染料地色防染印花主要用于涤纶织物及涤棉混纺织物，在涤纶织物的防染印花中，由于涤纶是疏水性纤维，黏附色浆的能力差，若先印花后浸轧地色染液，会使色浆在织物上渗化，同时防染剂也会不断进入地色染液中，很难获得良好的地色。

涤纶织物防染印花一般采用先浸轧分散染料染液或满地印花，低温烘干，并确保不使染料染着纤维，然后再印上能够破坏地色染料上染的防染色浆，最后经热熔使花纹处色浆中的染料固色，未印花处地色染料固色，此工艺方法称为二步法防染印花，又称为拔染型防染印花。

分散染料地色防染印花的另一种方法是防印印花，即在织物上先印防染色浆，随后罩印全满地地色色浆，最后烘干，经热熔固色。此方法的特点是花色和地色在印花机上一次完成，又称为一步法湿法罩印"防印"印花工艺，此法往往可获得较好的防染效果。

涤棉混纺织物印花时，需选用一种能对两种不同性能纤维上染的一种或两种染料同时具有防染作用的防染剂，因此，其防染工艺比纯棉或纯涤纶织物的防染印花复杂。

1. 防染剂种类　防染剂有机械性（物理）防染剂和化学性防染剂两大类。

（1）机械性防染剂主要是一些填充剂（如阿拉伯树胶、结晶胶、钛白粉、硫酸钡等）、吸附剂（如活性炭、活性陶土等）和拒水剂（如石蜡、金属皂等）。

（2）化学性防染剂主要有还原剂（如羟甲基亚磺酸盐、氯化亚锡、二氧化硫脲等）、碱剂、染料阻溶剂（如阴离子型染料使用的氯化钡、氯化锌、明矾和阳离子树脂等）和供络合的金属盐（如铜盐）等。工厂中常用的是化学性防染剂，而防染印花工艺中最常用的是还原剂防染印花法。

2. 羟甲基亚磺酸盐防染印花　羟甲基亚磺酸盐是强还原型的防染剂，所能破坏的地色分散染料都是具有偶氮结构的，且其分解产物无色，易于洗除。

（1）印花色浆（防白浆）配方。

羟甲基亚磺酸盐	$100 \sim 150$g
二甘醇	$20 \sim 70$g
涤纶荧光增白剂	5g
原糊	$450 \sim 600$g
水	x
合成	1000g

（2）工艺说明。

①羟甲基亚磺酸盐作为还原剂可以在印花处破坏偶氮结构的地色染料。

②色浆中加入二甘醇有助于涤纶的溶胀，提高防白效果。

③原糊可采用合成龙胶或白糊精与淀粉等的混合糊。

④若进行色防，印花色浆中应加入耐还原剂的分散染料和棉用染料，加入脂肪酸衍生物类固色促进剂，以利于着色分散染料的上染固着。

⑤为了防止着色染料在汽蒸时受剩余还原剂的影响，色浆中还需加入适量的防染盐S。

⑥印花后应立即进行170℃左右的常压高温汽蒸，蒸化过程中花纹处地色染料遭到破坏，着色染料固着于纤维，从而获得精细的花纹轮廓。

3. 氯化亚锡防染印花　氯化亚锡是强酸性还原类防染剂，可用于涤纶及涤棉混纺织物的防白及色防印花。氯化亚锡防染印花可采用先浸轧染液或满地印地色，经烘干后再印防染浆的二步法工艺，也可采用在印花机上一步进行的湿法罩印防印印花，对于涤棉混纺织物来说，后者应用较多，地色染料多用分散/活性染料，色防印花中着色染料多采用涂料或分散染料。

（1）印花色浆配方。

	防白	色防 1#	色防 2#
涂料	—	x	—
分散染料	—	—	x
氯化亚锡	40～60g	40～60g	40～60g
阿拉伯树胶（1:1）	200g	—	—
尿素	100g	100g	30～50g
原糊	400～500g	y	450～600g
黏合剂	—	300～400g	—
50% DMEU 树脂	—	50g	—
渗透剂	—	—	0～20g
酒石酸	—	—	3～5g
水	x	z	y
合成	1000g	1000g	1000g

（2）工艺流程。

白布——→浸轧地色染液——→烘干——→印花——→烘干——→蒸化——→水洗——→酸洗——→水洗——→皂洗——→水洗——→烘干

（3）工艺说明。

①原糊多采用耐酸和耐金属离子的合成龙胶及与醚化淀粉的混合糊。

②氯化亚锡在高温蒸化时易产生盐酸酸雾，会损伤纤维，腐蚀设备，也会影响防白效果，故一般在色浆中加入尿素或双氰胺等吸酸剂，与在蒸化过程中产生的氯化氢作用，缓和上述缺点。

③印花烘干后，可在圆筒蒸化箱中 130℃ 蒸化 20～30min，或在常压下 170℃ 蒸化 7～10min。

④采用 HCl［30%（19°Bé）］20mL/L 在 60～70℃ 进行酸洗，以洗除锡盐等杂质。

4. 金属盐防染印花　金属盐防染印花时，利用一些分散染料能和金属离子络合生成 1:2 型的络合物，染料相对分子质量成倍增大，使染料对涤纶的亲和力和扩散性能大大下降，热熔时很难进入涤纶而达到防染的目的。

该工艺适用的染料不多，大部分属于蒽醌类染料，必须在蒽醌结构的 α 位上有能和金属盐形成络合物的取代基，如—OH、—NH$_2$ 等。所用金属盐一般有铜、镍、钴、铁等，铜盐的防染效果最好，最为常用的是醋酸铜或蚁酸铜。

（1）印花色浆配方。

	防白	色防
分散染料（不被铜盐络合的）	—	x

醋酸铜	40~60g	50g
络合催化剂	30~40g	—
25%氨水	—	50g
憎水性防染剂	—	50g
ZnO（1:1）	—	200g
防染盐S	—	10g
原糊	400~500g	450~500g
水	x	y
合成	1000g	1000g

（2）工艺流程。

白布——印防染色浆——→罩印地色色浆——→烘干——→蒸化——→冷水洗——→酸洗——→水洗——→皂洗——→水洗——→烘干

（3）工艺说明。

①防白色浆还可加入2~5g的荧光增白剂，增加防白效果。

②憎水性防染剂可从常用柔软剂中选用，如石蜡硬脂酸的乳液和脂肪酸的衍生物等。

③原糊应选用耐重金属离子的，如合成龙胶、糊精、醚化淀粉糊或刺槐豆胶醚化衍生物等。

④色浆中加入氨水，可以与醋酸铜溶液构成铜氨络合物，提高醋酸铜的溶解度；同时可提高防染色浆的 pH 至中性以上，有利于提高铜盐和分散染料的络合作用及络合物稳定性。但氨水过多，又会降低铜离子和染料的络合能力。

⑤蒸化并冷水洗后，需用10~20g/L的稀硫酸液酸洗，洗去未络合的金属盐和不溶的金属络合物。

学习任务 4-2 纺织品拔染印花

知识点

1. 拔染印花的基本概念和特点。

2. 拔染印花的拔染方法和原理，合理选用拔染剂。

3. 常用拔染剂的应用特点和还原反应式。

4. 常用活性染料、分散染料地色拔染印花工艺。

技能点

1. 选用活性染料、分散染料地色拔染印花合适的染料、拔染剂、助剂和原糊。

2. 初步具有制订拔染印花工艺的能力。

3. 进行地色拔染印花工艺的设计和实施。

拔染印花是在已染色的织物上，用能破坏地色的化学药品调浆印花，印花部分的地色被破坏，形成白色或其他色泽的花纹图案。即在已染色的织物上用印花方法局部消去原有获得的色泽，产生白色或彩色花纹的工艺过程。染在织物上的色泽称为地色。消去地色（底色）的化学品称为拔染剂。拔染印花时，先在地色上印以含有拔染剂的印花浆，烘干后经过汽蒸，地色染料即被分解，可洗涤除去。用仅含有拔染剂的印花浆在地色上获得白色花纹的工艺，称为拔白印花；在拔染印花浆中加入不受拔染剂影响并能在汽蒸时消除地色染料的过程中同时上染纤维的染料，在地色上印得彩色花纹的工艺，称为着色拔染印花。

拔染印花的特点是能在地色的织物上印得较为细致的图案，获得花清地匀、层次丰富、色彩对比强烈的效果，但拔染印花的工艺过程比直接印花复杂，生产成本较高，可以用作拔染的地色染料品种也有一定限制，一般印花产品都应尽可能地使用直接印花。对于大面积地色的印花织物，如用直接印花，地色的色深度、印花均匀性和渗透性难以达到要求；另外，对于精致的白花或娇嫩浅色花纹，如用直接满地留白的印花方法，花样很容易失真，色浆在各个方向上的扩散不均匀，着色花纹与满地难以对准，常常发生叠印产生第三色或留白边现象，得不到轮廓清晰的花纹图案，而采用拔染印花就可以克服这些不足，显示了拔染印花的特殊优点。

一、拔染原理和常用地色染料

1. 拔染原理　拔染原理是利用拔染剂，通过化学作用破坏织物上地色染料的发色基团，使之消色，再将被破坏的地色染料分解产物从织物上除去，不留痕迹，或在破坏地色的同时，用另一种染料着色，印制出有色花纹。

地色染料的被拔染性能，取决于地色染料的结构，主要决定于染料结构上的偶氮基是否易被还原剂分解消色，以及染料破坏后形成的氨基化合物是否易于从纤维上洗除。

2. 常用地色染料　适合于拔染印花的地色染料具有被还原分解的偶氮基团，且分解后的两个氨基化合物亲和力要小、无色或虽有色但易洗。如果分解产物与纤维的亲和力大，则不易从纤维上洗除，会重新沾污织物，经氧化作用而泛黄，影响拔白效果及着色染料的选择。下式为地色染料的还原分解反应式。

$$Ar-N=N-Ar' \xrightarrow{4[H]} Ar-NH_2 + Ar'-NH_2$$

若还原分解产生的两个氨基化合物是无色的或虽有色但都具有可洗性，这样的地色就可用还原剂作为拔染剂进行拔染印花。

作为拔染印花的地色染料主要有不溶性偶氮染料、直接染料、活性染料、还原染料等。

二、常用拔染剂

1. 雕白粉（R/C）　雕白粉是拔染印花中常用的还原性拔染剂。它的化学名称为羟甲基亚磺酸钠，又叫甲醛次硫酸氢钠。在常温下稳定，60℃开始分解，随温度提高分解加剧，且不同条件下其分解情况不同，下式为80℃时雕白粉分解反应式。

$$6HOCH_2SO_2Na + 3H_2O \longrightarrow 4NaHSO_3 + 2HCOONa + HCOOH + 3CH_3OH + 2H_2S$$

分解后有酸性物质产生，若不另加碱剂，则雕白粉受热分解加剧。当100℃汽蒸时，雕白粉分解产生强还原性$SO_2 \cdot$自由基，如下式所示：

$$HOCH_2SO_2Na \cdot 2H_2O \xrightarrow{汽} NaHSO_2 + CH_2O + 2H_2O$$

$$HSO_2^- + OH^- \xrightarrow{汽} SO_2 \cdot + H_2O + 2e$$

所生成的$SO_2 \cdot$自由基和释出的电子足以使绝大多数的还原染料还原成隐色体，同时可以使地色染料中的某些基团如偶氮基、硝基等被还原破坏，使地色染料成为无色物，或虽有色但能溶于水或其他溶剂中，在碱性溶液中洗涤时被除去，从而达到拔染的目的。

雕白粉分解还受pH和色浆中其他成分的影响，雕白粉在酸性介质中分解产生硫化氢和硫；雕白粉也易受空气中氧的作用，特别是潮湿空气中受氧影响易分解，如果原糊的含固量高，可将雕白粉颗粒包住，阻止其与潮湿空气接触，能减少雕白粉汽蒸前的分解。

2. 德科林（Decroline）　Decroline是巴斯夫（BASF）公司拔染剂锌盐雕白粉的商品名。德科林又称甲醛次硫酸锌，性质与雕白粉相同，具有还原性，是一种白色小颗粒，易溶于水，水溶液呈弱酸性，因此更能在酸性介质中应用。

可用于棉、毛、丝、毛皮拔色，以及涂料拔色印花等的还原和拔染。

常用地色染料主要有着色拔染时的酸性染料、中性染料、部分直接染料、阳离子染料以及地色能被氯化亚锡拔白的染料。具有染料应用范围广、色泽鲜艳光亮、汽蒸时间短、褪色性好、操作简单等优点。

3. 氯化亚锡　氯化亚锡为最早应用的还原性拔染剂之一，常温下不易受空气氧化，它在湿热条件下具有还原作用：

$$3SnCl_2 + 2H_2O \xrightarrow{加热} SnCl_4 + 2Sn(OH)Cl + 2[H]$$

氯化亚锡还原能力随温度升高而增大，但比雕白粉低，属中等强度的还原剂。氯化亚锡可溶于水，其水溶液易水解并释放出盐酸，酸对其还原反应有催化作用，其反应式如下：

$$SnCl_2 + 2H_2O \xrightarrow{加热} Sn(OH)Cl + HCl$$

$$Sn(OH)Cl + H_2O \xrightarrow{加热} Sn(OH)_2 + HCl$$

$$SnCl_4 + 4H_2O \xrightarrow{加热} Sn(OH)_4 + 4HCl$$

但是，高温时在盐酸的存在下$SnCl_2$易使纤维素纤维脆损和泛黄而产生"锡蚀"现象，同时也会侵蚀设备，因此，氯化亚锡多用于合成纤维和蛋白质纤维的拔染印花，且为减少盐酸的侵蚀，通常在色浆中还要添加吸酸剂如尿素等。

4. 二氧化硫脲　二氧化硫脲是另一个良好的拔染剂。在水中溶解度较小，水溶液呈酸性，常温下性质比较稳定。在碱作用下或蒸化时受热发生分解，产生次硫酸而具有还原作用，拔染性能良好，可避免因渗化而造成的"白圈"现象。

$$\underset{H_2N}{\overset{H_2N}{>}}C{=}SO_2 \longrightarrow \underset{HN}{\overset{H_2N}{>}}C{-}\underset{O}{\overset{OH}{S}} \xrightarrow{H_2O} \underset{H_2N}{\overset{H_2N}{>}}C{=}O + H_2SO_2$$

三、常用助拔剂

1. 蒽醌　蒽醌为黄色粉末，不溶于水，使用时常对蒽醌进行颗粒微粒化，使它具有较大的接触面积。微粒化的蒽醌具有导氢作用，是拔染催化剂，能加快雕白粉对地色染料的破坏。当汽蒸时，蒽醌首先受雕白粉的作用还原成氢蒽醌，而氢蒽醌具有一定的还原能力，供出氢使地色染料被还原破坏而自身氧化恢复成蒽醌，如此循环反应，加快了地色染料还原的速率，直到染料被充分还原破坏，增加了拔白的程度。同时，在汽蒸条件有波动时，蒽醌的存在有助于拔白效果的稳定，但所用的蒽醌必须在后面水洗中洗除干净，否则白度反而不稳定。

2. 咬白剂　对于某些特别难拔的地色，可在色浆中加入咬白剂助拔。常用的有咬白剂 W 和咬白剂 O 等，以咬白剂 W 应用较为普遍，它的化学名称为苯基二甲基对磺酸钙苄基氯化铵，它在汽蒸时分解出对氯化苄磺酸钙，能使偶氮基分解物苄化而成水溶性或碱溶性的化合物，进而可在碱液、皂液或水玻璃溶液中被充分去除，所以加快了地色染料被还原破坏的速率及程度，极大地提高了拔白白度和色拔的色泽鲜艳度。但是，有的还原染料（如靛类）的色拔浆不能用咬白剂，因为这些还原染料也易苄化变性，如溴靛蓝 2B。

3. 碱剂　在棉织物的拔染印花中，碱剂对雕白粉的拔染效能起着重要作用。第一，用雕白粉作拔染剂的拔染印花中，游离基对地色偶氮基的裂解需在碱性溶液中进行，地色破坏后的分解物在碱剂中易洗除；第二，雕白粉受热分解后生成的酸性物质要用碱中和，以利于反应进行，并防止酸对纤维的脆损；第三，着色拔染时还原染料不溶于水，需在碱性介质中被强还原剂还原成隐色体后才具有水溶性并上染纤维。

拔染色浆中一般均加入碱剂。碱剂根据着色还原染料还原的难易、隐色体溶解度的大小和颗粒粗细等因素来选择，常用的碱剂有烧碱、纯碱、碳酸钾和小苏打等。拔白浆以烧碱作碱剂，还原染料着色拔染以碳酸钾或碳酸钠作碱剂，而涂料着色拔染则以中性拔染为宜，也有使用混合碱（烧碱和碳酸钾的混合物）。

烧碱适用于靛蓝及还原速率较慢、颗粒粗的还原染料着色印花，在含有较多烧碱时，增加汽蒸时间可提高给色量；预还原法时使用烧碱时可提高还原染料在汽蒸时的还原速率。但烧碱的存在使色浆中雕白粉稳定性下降，因而色浆不宜久存。

纯碱适用于大多数还原染料，纯碱作碱剂时，在汽蒸时湿度要大，以保证雕白粉的充分分解，有利于还原染料上染固着。

碳酸钾作碱剂时，在汽蒸阶段能够保持润湿状态，有利于纤维篷化和染料的渗透，使花色鲜艳丰满，并能提高给色量。

4. 润湿剂和渗透剂　凡能增加织物渗透性的助剂均能提高拔染效果，特别是拔白，拔白浆应渗透到织物内以防止任何"露地"现象，色拔中着色染料有助于掩盖不完全的拔染。

汽蒸时有助于渗透的常用助剂有甘油、尿素、聚乙二醇及古来辛 A 等，其用量必须根据汽蒸条件确定。用量过多时易产生渗化现象，拔白浆的渗化使花纹边缘不清，失去精细度，色拔的渗化则在花纹外形成白色晕圈。

四、活性染料地色拔染印花工艺

1. 活性染料的选择　活性染料的可拔性能主要取决于它的组成和化学结构，常规的活性染料，按其结构分为乙烯砜型活性染料（KN 型）和均三嗪环活性染料（X 型和 K 型）。乙烯砜型活性染料与纤维的化学键是醚键，在强碱性还原剂的作用下，醚键断裂，易拔。均三嗪环活性染料（X 型和 K 型），其染料母体为偶氮结构，并且活性基团接在染料的重氮部分时，则能够拔白；如果均三嗪环活性基团接在偶合组分，拔染后仍留有颜色。因此，即使染料母体为偶氮结构的活性染料，可作为拔染印花地色用的也为数不多。染料母体为溴氨酸的活性染料，不能被还原剂拔染。染料母体为金属络合物的活性染料，拔染更困难。酞菁结构的活性染料，也不能被还原剂破坏，也不能拔白。

2. 色浆配方

	拔白	色拔
雕白粉	150 ~ 200g	100 ~ 220g
还原染料	—	5 ~ 50g
溶解盐 B	30g	—
增白剂 VBL	5g	—
助拔剂	0 ~ 100g	—
甘油	—	40 ~ 80g
酒精	—	10g
NaOH	（强碱性）150 ~ 200g 或（弱碱性）50g	—
K_2CO_3（或 Na_2CO_3）	—	80 ~ 120g
醚化植物胶糊 或醚化淀粉糊	400 ~ 600g	400 ~ 600g
水	x	x
合成	1000g	1000g

3. 色浆中用剂的作用

（1）雕白粉。常用拔染剂，为了得到良好的拔白效果，遇到难以拔染的地色，可以在色浆中加入适宜的助拔剂，如蒽醌。

（2）NaOH 与 K_2CO_3（或 Na_2CO_3）。一是中和雕白粉受热分解后的酸性物质，降低雕白粉的分解，提高雕白粉的还原能力；二是有利于被破坏的地色分解物的洗除。

（3）甘油。帮助印花色浆对织物的润湿和渗透，使拔染色浆经刮印后渗透到织物内，防止有拔染不净的现象产生。也可用硫代双乙醇或尿素代替。

（4）原糊。拔染印花用原糊须耐碱、耐还原剂和电解质，制成色浆后流变性要好。

4. 工艺流程

白布浸轧活性染料（地色）──→适度烘干──→印花──→烘干──→汽蒸──→水洗──→皂洗──→水洗──→烘干

5. 工艺说明

（1）地色染液配方。

KN 型活性染料	x
尿素	$80 \sim 150g/L$
食盐	$50g/L$
防染盐 S	$10g/L$
8％海藻酸钠糊	$100g/L$
小苏打	$20 \sim 30g/L$

（2）浸轧后尽量采用热风烘燥，温度不超过80℃。轧后立即印花，再在 $102 \sim 104$℃条件下汽蒸。

（3）水洗要充分，在净洗剂的选择上，以选用具有分散螯合作用的净洗剂为好。一般要经过冷流水──→温流水──→皂洗──→温流水充分洗涤。皂洗工艺条件为95℃，3min，以达到良好的洗涤效果，从而使花型颜色鲜艳，拔白的白度良好。

五、还原染料地色拔染印花工艺

还原染料为地色的拔染印花，由于染料价格昂贵，工艺繁复，采用较少，而较多的用于色拔其他染料的地色，用还原染料地色拔染印花方法的，仅是一些浅、中地色，并且都是牢度要求较高的一些地色。

还原染料地色的拔白分氧化剂拔染法与还原剂拔染法两种。还原染料色拔是按还原染料本身拔染难易程度进行的，即选择难拔的做印花色浆，易拔的做地色。

1. 助拔剂的作用 助拔剂 W 能与靛蓝隐色体发生醚化反应，生成橙黄色物质，能溶于碱，因而获得良好的拔白效果。应用时能使靛蓝或其他还原染料的隐色体变成一种对空气氧化不敏感的复合化合物，这种复合化合物的生成，是由于还原染料地色在拔染印花过程中受雕白粉作用生成还原染料隐色体，同时助拔剂 W 在蒸化时自身分解成氯化苄磺酸钙，与隐色体作用形成醚化合物，这种醚化合物能溶于碱，因此能从纤维上洗除，获得良好的拔白效果。由于蒽醌类还原染料还原成隐色体后共轭双键连贯整个分子，同时也增加了对纤维的亲和力，故这类还原染料不能被助拔剂 W 拔白。总之，硫靛类还原染料较易拔白，而蒽醌类还原染料个别品种以及大部分浅地色也可以拔白，其他不能拔白。

2. 拔白印花

（1）拔白浆配方。

雕白粉	200~250g
拔染剂 W	150g
纯碱	60g
增白剂	5g
印染胶—淀粉糊	500~600g
水	x
合成	1000g

（2）工艺流程。

还原染料染地色——→印花——→烘干——→汽蒸——→水洗——→皂煮——→水洗——→烘干

（3）工艺说明。

①助拔剂 W 用量增加可提高拔白效果，如加入溶解盐 B 50g/L，对拔白效果也有帮助，锌氧粉对拔白效果没有影响。

②为了加速雕白粉的分解还原，可加 0.1% 蒽醌于色浆中，起催化促进作用。

③在汽蒸后、水洗前采用热碱处理，可稍提高拔白程度。

3. 色拔印花 还原染料拔染印花时，在拔白浆中加入蒽醌类还原染料，但对某些不耐蒽醌的染料如还原蓝 3G 等，不宜加蒽醌。

还原染料色拔浆与地色的选择，应按还原染料被助拔剂 W 咬白难易程度来考虑，否则不能获得较好的印制效果。一般选择以不能拔白的蒽醌类还原染料作印花色浆，以可拔白的硫靛类还原染料作地色，并以浅、中色地色进行色拔为宜。

操作等工艺流程与一般还原染料直接印花相同。

六、分散染料地色拔染印花工艺

涤纶仿丝绸深地色拔染印花近年来发展很快，印花工艺也有了很大进步，印花方法主要有三种：锌盐拔染法（即用锌雕白粉拔染）、碱拔染法和锡拔染法（即常用的氯化亚锡拔染法）。

用于分散染料拔染印花的拔染剂主要有：锌盐雕白块、钠盐雕白块、钙盐雕白块和氯化亚锡等还原剂。就还原能力而言，雕白块类最强，氯化亚锡较小。

1. 雕白锌拔染印花　最适合于分散染料染地色拔白印花的拔染剂是德科林。它常温下很稳定，60℃以上开始分解。汽蒸时逐渐分解，有很强的还原能力。在酸性介质中应用，温度与浓度的变化对其 pH 的影响不大。

所选用的地色染料都是偶氮结构的分散染料，在还原剂作用下首先是染料中的重氮组分上硝基被还原成氨基，进一步还原变成氢化偶氮苯，最后氮氮键断裂，分解成芳伯胺。断键后生成的芳香伯胺的颜色深浅是决定拔染性能的好坏。

（1）拔印配方。

	拔白	色拔
德科林	80～100g	80～100g
耐拔分散染料	—	x
助拔剂 ZS-9	30～40g	20～30g
增白剂	0～20g	—
淀粉糊/白糊精	400～500g	400～500g
尿素	30～40g	30～40g
水	x	y
合成	1000g	1000g

（2）工艺流程。

涤纶染色布 —→ 印花 —→ 烘干 —→ 汽蒸（20min，升温至 100℃ 保温 10min） —→ 水洗 —→ 还原清洗 —→ 水洗 —→ 皂洗 —→ 水洗 —→ 定形

（3）工艺说明

①雕白锌由于还原电位较高（-980mV），对着色拔染耐还原分散染料的选择要求比较高，故本工艺多用于旗帜行业，印花行业使用较少。

②采用了类似于涤纶分子的芳香族脂类衍生物助拔剂 ZS-9，在蒸化过程中，能有效渗透于涤纶内部，促进涤纶的蓬化，有利于还原剂进入纤维内部，使还原剂分子和染料分子更接近，增强了还原作用，并容易从纤维上洗脱下来，提高拔白的白度。

③如果拔白的白度不够理想，还可以加入适量的耐还原剂的增白剂，如分散性增白剂 DCB，以提高拔白的白度。

2. 碱拔染印花　自 20 世纪 70 年代英国 ICI 公司推出了对碱敏感的 Dispersol PC 分散染料，开创了碱拔染的新工艺。在 80 年代前，涤纶碱拔染印花仅限于用平幅浸轧的半拔染工艺，由于平幅浸轧染料提升率低，很难做出深浓色的涤纶拔染印花布。至 1983 年英国 ICI 公司成功研制出两种涤纶碱拔染促进剂 Matexil PN-AD 和 PN-DG，涤纶碱拔染工艺有了新的突破，赋予涤纶织物在高温染色后进行碱拔染印花的可行性。

（1）碱拔染原理

$$\text{Dye—(COOR)}_2 \rightleftharpoons \text{Dye—(COOR)}_2 \xrightarrow{\text{OH}^-} \text{Dye—(COO}^- \text{Na}^+)_2$$

纤维相　　　　　拔染剂相　　　　　　不溶于拔染剂相
　　　　　（Matexil PN – AP 相）　（不溶于 Matexil PN – AP 相）

以 PC 型双羧酯基分散染料为例，在高温汽蒸条件下，拔染剂能溶解已固着的地色分散染料（剥色作用）。转移到拔染剂相的分散染料，进一步受到碱剂的水解作用变成水溶性的羧酸盐化合物，由于水解染料不能溶于拔染剂相中，从而脱离了拔染剂相，这样拔染剂相中双羧酯基染料不断减少，平衡受到破坏，使更多的酯基染料从纤维相转移到拔染相中，也即纤维相中的酯基染料不断通过拔染剂相变成水解染料，水洗时从布上洗去，从而达到拔染目的。Matexil PN – AP 能加强上述染料的转移。

（2）半拔色浆配方。

	拔白	色拔
耐碱分散染料	—	x
纯碱	50 ~ 70g	50 ~ 70g
聚乙二醇（相对分子质量200）	50g	50g
甘油	50g	50g
海藻酸钠糊	500 ~ 600g	500 ~ 600g
水	x	y
合成	1000g	1000g

（3）色浆配方。

	拔白	色拔
耐碱分散染料	—	x
碳酸钠	60 ~ 100g	60 ~ 100g
Matexil PN – AD	120 ~ 160g	120 ~ 160g
Matexil PN – DG	40 ~ 80g	40 ~ 80g
原糊	500 ~ 600g	500 ~ 600g
增白剂	0 ~ 15g	—
水	x	y
合成	1000g	1000g

（4）工艺流程。

涤纶染色织物──→印花──→烘干──→汽蒸（高温常压 170 ~ 180℃，7min）──→水洗──→碱洗［30%（36°Bé）烧碱 4mL/L，85℃，2min］──→水洗──→皂洗──→还原清洗（保险粉或二氧化硫脲 2 ~ 3g/L，70 ~ 80℃，10min）──→水洗──→烘干──→定形

（5）工艺说明。

①碱可拔分散染料地色的选择，一般使用不耐碱的分散染料。若使用有酯基的分散染料，可采用水解去除；使用含有羟基的分散染料，可用碱溶化去除。

②地色若采用轧染方式，烘干后不汽蒸或热熔，直接印花，再高温汽蒸。若采用高温高压染地色，一般采用较缓和的染色工艺，因为如果染色温度过高、时间过长，反而地色增深不多，而增加拔色难度。

③碱拔染浆有一定的吸湿性，最好随印随蒸，如不能及时蒸化，必须用塑料盖布包好，以免回潮造成花纹渗化。

④高温汽蒸时除了温度必须控制在 175～190℃外，湿度不宜过高，应控制在 40%～60%。

3. 锡拔染法 锡类拔染剂主要包括：氯化亚锡（$SnCl_2$）、磷酸亚锡 [$Sn_3(PO_4)_2$]、草酸亚锡（SnC_2O_4）和醋酸亚锡 [$Sn(CH_3COO)_2$]，但应用最广的为 $SnCl_2$。其还原性如下式所示：

$$3SnCl_2 + 2H_2O \longrightarrow SnCl_4 + 2Sn(OH)Cl + 2[H]$$

产生的 [H] 可分解偶氮染料，但因同时产生不稳定的 $Sn(OH)Cl$，而 $Sn(OH)Cl$ 易分解生成盐酸气体，所以在使用氯化亚锡拔染印花中，常发生布匹泛黄及脆化，工厂称之为锡烧。泛黄程度依据 $SnCl_2$ 的使用量及蒸化处理时的温度、时间等条件而不同。为了防止此问题的发生，通常采用氨基化合物来吸收游离的 HCl 气体，如尿素，氰胍和单羟甲二氰二胺等。称为酸吸收剂。氯化亚锡普遍用于色拔印花。

（1）色浆配方。

	拔白	色拔
耐拔分散染料	—	x
锡拔染剂	250～400g	250～400g
锡烧防止剂	30～50g	30～50g
尿素	20～50g	20～50g
原糊	400～500g	400～500g
增白剂 DT	10～20g	—
水	x	y
合成	1000g	1000g

（2）工艺流程。

涤纶染色织物 ——→ 印花（100～150 目）——→ 烘干（100～110℃）——→ 高温汽蒸（175℃，7～8min）——→ 水洗 ——→ 还原清洗（烧碱 2g/L，保险粉 2g/L，洗衣粉 2g/L，70～80℃，10min）——→ 水洗 ——→ 烘干 ——→ 定形

（3）工艺说明。

①一般使用偶氮类的分散染料作为涤纶织物的地色染色。作为色拔的分散染料一般选用蒽醌类和邻苯二甲酸肝类。

②原糊可用瓜尔胶、羟乙基纤维素、羧甲基纤维素类、海藻酸钠、复合型糊料。原糊的种类直接影响拔染的效果，不同的糊料对高压高温蒸汽有不同的影响，因此，在使用糊料时必须通过试验来选择适当的原糊

③锡烧防止剂目的是防止织物锡烧变黄，可选用氰胍和单羟甲二氰二胺等作为酸吸收剂，而尿素的作用是作为吸湿、保湿剂，为了提高白度，用量一般不超过 5%。

☞ 复习指导

1. 了解防染印花、拔染印花的基本概念、原理及特点。

2. 掌握活性染料地色防、拔染印花的方法、印花工艺流程、色浆组成、地色和着色染料的选择，把握各助剂的作用。

3. 掌握常用活性染料防、拔染印花操作注意事项。

4. 了解分散染料地色防、拔染印花的操作过程、印花工艺流程及色浆配方。

☞ 思考与训练

1. 解释名词：防染印花、拔染印花

2. 常用防染剂有哪几类？

3. 活性染料地色防染印花的常用方法有哪些？

4. 简述活性染料酸防工艺流程及工艺条件。

5. 为什么说用亚硫酸钠作防染剂并不是对所有的地色活性染料都适用？

6. 亲和力大的活性染料为什么不适宜作防染印花的地色染料？

7. 常用拔染剂有哪些？各有何特点？

8. 举例说明拔染配方中各助剂的作用。

9. 拔染印花染地色时，染后是否需要皂煮？为什么？

10. 简述分散染料地色拔染印花工艺流程。

学习情境5 纺织品手染作品制作

学习目标

1. 知道哪些织物可以进行扎染。
2. 知道扎染常用工具。
3. 能正确书写扎染工艺。
4. 能进行织物扎染。
5. 知道蜡染需要哪些工具。
6. 知道蜡染产品特点。
7. 会根据印花产品的特点选用合适的蜡染工艺。
8. 能正确书写蜡染工艺。
9. 能进行蜡染产品制作。

案例导入

案例1 南通华艺扎染服饰有限公司是集现代扎染、成衣染色、服装印花、艺术染绘、牛仔水洗等特种染整工艺于一体的艺术染整企业。现接到一批国外订单,扎染12.5tex(80支)精纺100%纯羊毛长围巾,规格:180cm×60cm,克重:120g/m²。客户要求根据设计图案,采用植物染料,符合Oko-Tex Standard 100生态纺织品标准的规定,颜色鲜艳亮丽,色牢度好。请根据客户要求,选择合适的扎染工具及染料,确定工艺流程及配方,完成扎染产品的制作。

案例2 澳大利亚堪培门学院选派师生到我院进行访问交流,他们提出想学习我国传统手工印染技术——蜡染。请根据现有条件,选择合适织物及工具,设计蜡染流程及配方,完成蜡染产品的加工。

引航思问

1. 在上述案例1中,根据客户要求,您考虑选择什么染料?什么样的扎染技法能够达到客户的要求?
2. 羊毛围巾、蚕丝、纯棉织物扎染选择的染料可以是同一种类型吗?
3. 扎染加工的流程大体分几步?
4. 蜡染产品的特点是什么?如何选择图案能够突出蜡染的效果?
5. 蜡染加工的流程大体分几步?

学习任务 5 - 1　纺织品扎染作品制作

知识点

1. 扎染作品的风格特点。
2. 扎染作品制作的一般步骤。
3. 扎染作品制作时常用的扎技和染技。

技能点

1. 根据扎染作品的用途进行扎染图案的设计或选用。
2. 根据图案特点选用合适的扎技及染技。
3. 进行扎染作品制作的实施。

扎染作品是一种极为幽雅而高尚的印染作品，也是雅致而又富有趣味的物品，在历史的长河中，受到了广大人民群众的喜爱和运用。不同的历史时期，不同的扎法与染法，都有不同的名称。

扎染在民间又称为"撮缬""撮晕缬"或"撮花"。在面料上先按设计意图以针缝线捆扎，染色时其局部因机械防染作用而得不到染色，形成预期的花纹。在染色过程中被捆扎的织物受到轻重、松紧的压力不同，被色浆浸渗的程度也不同，因此产生深浅虚实、变化多端的色晕，染成的图案纹样神奇多变，色泽鲜艳明快，图案简洁质朴，且有令人惊叹的艺术魅力。扎染的种类名目繁多，有单色染和多色染，代表品种有"鹿胎缬""鱼子缬""醉眼缬"等。

扎染作品体现了艺术与技术完美结合的整体美，折射出民族文化的光辉，具有浓郁的民族特色和较高的艺术价值。有人称它为"没有针线的刺绣""不经编织的彩锦"。

我国是扎染工艺最古老的发源地。史料中，有关我国扎染起源的早期记载《二仪实录》有"秦汉间始有、陈梁间贵贱通服之。隋文帝宫中者，多与流俗不同。次有文缬小花，以为衫子。炀帝诏内外官亲待者许服之"。魏晋南北朝时期，扎染工艺得到了空前的发展，至唐代我国扎染技艺已非常成熟。除了能制作一般扎染产品以外，还能制作一些十分精致的扎染产品。至北宋仁宗皇帝时期，因扎染服装奢侈费工而下令禁绝，使中原扎染工艺一度失传。明清时期，洱海白族地区的染织技艺达到很高的水平，出现了染布行会，明朝洱海卫红布、清代喜洲布和大理布均是名噪一时的畅销产品。到了民国时期，居家扎染已十分普遍，以一家一户为主的扎染作坊密集著称的周城、喜洲等乡镇，已经成为名传四方的扎染中心。

我国发现最早的扎染制品，是 1959 年在新疆维吾尔自治区塔里木盆地的阿期塔那 305 号墓中，出土的西凉建元二十年（公元384年）的红色绞缬绢。1969年在这里的117号基地又出土了永淳二年（公元683年）的扎染实物。这件实物在出土时缝串的线还没有拆去，可以清楚地看出当时的折叠缝串的制作方法。这件扎染实物，是世界上现存最早最完整的扎染实物。

我国古代劳动人民巧妙地利用了染色工艺的物理、化学作用，使织物上呈现出特殊的、无级层次的色晕效果，它是我国古代印染技术的一个巨大成就。现今，这种传统工艺得到了许多艺术家和印染工作者的重视。他们在旧有的绞缬工艺基础上结合新材料、新工艺，进行了大胆的创新，使古老的扎染工艺重新焕发青春。

一、扎染的工具与材料

1. 面料 扎染工艺所用面料多以天然纤维面料为主，如棉、麻、丝、毛等，根据具体的扎染工艺情况和运用范围，面料要求一般以轻薄型的织物为主，而且面料在扎染前最好作预处理，可保证有很好的吸湿性、渗透性等要求，且容易上色。

2. 绳线 在扎染工艺中绳线要求有一定的牢度，不宜拉断，可以用棉纱线、锦纶线、蜡线等，还可以用常见的塑料打包线，它可以根据扎染需要分成粗细不等的线段，可以产生不同的艺术效果，并且经济实惠。其他扎捆方式还可以用橡皮筋等有弹性的扎线来制作。

3. 染料与试剂 手工印染中扎染的染料与试剂要根据不同的面料来决定，不同的面料有其相应的染料及试剂，同时不同的扎染工艺所选择的染料、染色方式也各有不同。如直接染料染纯棉织物，需要纯碱和盐，酸性染料染真丝织物需要冰醋酸等；而化纤面料由于其相对应的染料、染色工艺的局限性，在手工扎染工艺中较少运用。

4. 染锅、染缸与加热炉 染锅、染缸也是用于染色的必备工具。染锅、染缸一般是不锈钢或搪瓷材料。染锅一般是用于高温染色的，而染缸则是用于低温冷染的。染锅、染缸的大小是根据每次所染织物的多少来决定的。加热炉的大小是根据染锅、染缸的大小来决定的。加热炉的种类有煤气炉、电炉、炭炉、酒精炉、煤油炉等，以方便染色工艺为标准。

5. 其他相关工具、材料 其他如缝衣针、钩针等，是用于缝扎和钩扎面料用的，大小、长短都是根据扎染需要而定。水洗可以用洗衣机，布料整理可以用电熨斗，配制染料试剂还需要准备天平、量杯等，操作时还需要塑胶手套、搅拌器具、温度计、剪刀、拆线器等。在点色过程中也需要各种点色用笔刷和注射染料用的针筒等工具。

二、扎染前的准备

扎染是一种富有创造性和趣味性的手工工艺，在扎染之前必须有一个预先构想和设计。不管是为自己还是为别人做一段扎染衣料或饰品，都要考虑使用人的爱好与要求，确定使用的面料和款式，再考虑扎染花纹的大小和部位安排，然后根据流行色或个人的爱好设计色彩、图案和扎染方法。扎染可以是一段未经裁剪的布料，或者是已裁剪好的服装衣片，也可以是一件已做成的服装或其他装饰用品。认真和具有独创的设计构思是扎染前的重要准备，有的还要画出稿样，拷贝或复印在要扎染的织物上，作为扎染时的底样。

对于未经过处理的坯布，为保证扎染制作过程中染色均匀，需对其进行前处理。因为织物上常带有浆料、助剂及一定成分的天然杂质。前处理有：

1. 退浆　目的是去除浆料，可用碱液、氧化剂或淀粉酶等药剂加水沸煮布料退浆。用量：药剂为布重的 3%，水为布重的 30 倍左右。

2. 精练　目的是除去纤维上的天然杂质及残留浆料，用烧碱加水沸煮。用量：烧碱为布重的 3%，水为布重的 30 倍左右。

3. 漂白　用于除去色素及残留杂质，常用次氯酸钠或过氧化氢进行漂白。用量：漂白剂为布重的 3%，水为布重的 30 倍左右。另外，丝绸的染前处理是用皂液加碳酸钠并水煮精练。

4. 熨平待用　用电熨斗将漂洗过的布熨平以备描绘图案及捆扎用。

三、扎结方法

扎染工艺的中心环节是扎结，扎结就是利用纱线或绳捆绑、缝扎织物。扎结的方法是多种多样的，归纳起来可分为捆绑扎、缝扎、结扎、器具辅助扎等方法。

1. 捆绑扎法　这是一种较为自由的扎结方法，不需要事先绘出底样，只要按需要将织物进行折叠、捏拢或皱缩，并用棉纱线或纱绳捆绑、缠绕扎结，拉紧绳端，扣结紧固，被扎缚部分即会有防染作用。

（1）将织物按经向或者按纬向折叠，或将织物按经向或者纬向捏拢，用线绳分段扎紧，染色后可得到条形连续花纹，如图 5 - 1 所示。

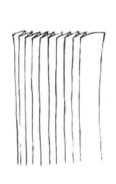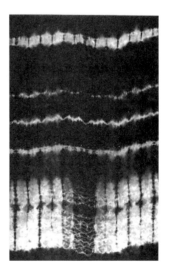

图 5 - 1　织物经向或纬向折叠捆扎方法

（2）将织物对折，再对折，以折点为顶点，在其下部用线绳扎绕绑缚，染色后可得到菱形花纹或放射状方形（图5-2）。

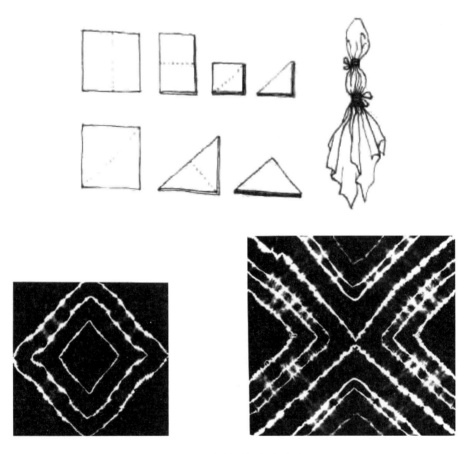

图5-2 织物对折捆扎方法

（3）将织物铺展开来，任取一中心点，用右手拇指、食指和中指捏撮起来，然后用左手在右手下方握拢织物，放开右手，取线绳在中心点下方捆绑扎结，染色后得放射状圆形花纹（图5-3）。

图5-3 织物捏撮捆扎方法

（4）将布舒展铺平，按需要如前法撮起一个个皱突，用线绳绑缚绕扎，染色后可得到散点式不圆形花纹（图5-4）。

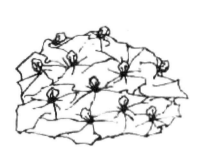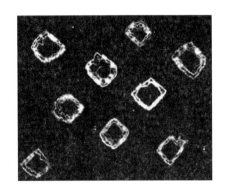

图5-4　织物多处撮起绑缚绕扎法

（5）将织物铺平，折叠成方形、菱形、三角形等，然后用线绳捆扎角隅部位，染色后可得到连续性花纹（图5-5）。

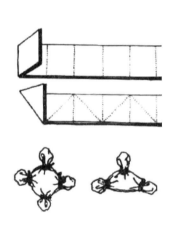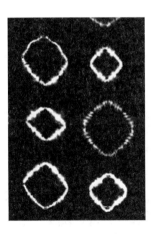

图5-5　织物折叠捆扎法

（6）将织物任意皱缩成团，用线绳捆绑，染色后可得到如大理石花纹般的自由纹饰（图5-6）。

2. 缝扎法　缝扎是以缝纫的方法用针线按描绘在织物上的花纹稿样一针针缝纫，缝好后线端抽紧，使缝过的部分收拢打结，或者收拢后进行缠绕并将线头打结，染色后可得到理想的花纹。

（1）平针描线缝扎法。用平针按织物上所描纹样的轮廓线走针串缝，缝前将缝线线头打结，缝好后终端留出约10cm距离，剪断缝线，然后拉紧收拢打结，不使缩拢的织物松散，染色后将出现清晰的线形花纹。线形的清晰程度与针距的长短有关，针距短的线形比针距长

图 5 - 6　织物皱缩成团捆扎法

的线形要显得清晰准确（图 5 - 7）。

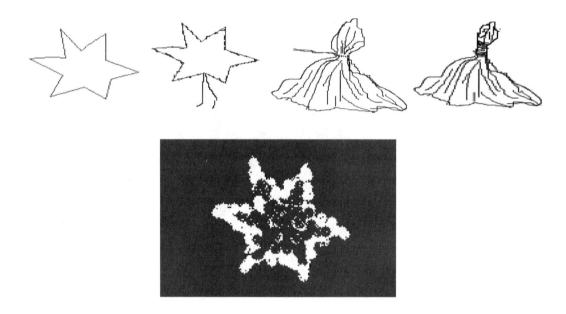

图 5 - 7　平针描线缝扎法

（2）平针满地缝扎法。用前法在织物上所描绘的轮廓线内进行满地缝纫，收拢结紧，染色后将得到线形组合的块面花纹（图 5 - 8）。

（3）平针线缝缠绕扎法。用平针缝出花型轮廓后抽紧缝线，使其缩拢，用手拉出缝线内的织物，然后用缝线将拉出的织物从缝纫收拢的部位缠绕扎结，可以扎绕一半位置，也可以全部扎结，收紧线头后染色，可得面的花纹（图 5 - 9）。

采用平针缝纫法，还可以缝扎出各种直线、曲线、圆弧、菱形等花边纹饰。如将织物折

图 5－8　平针满地缝扎法

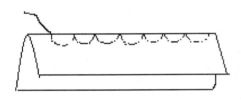

图 5－9　平针线缝缠绕扎法

叠成双层或多层后再缝纫，花纹将重复变化，意味无穷。

（4）绕针缝扎法。按织物上所描的线对折，用针线在对折缝处绕针缝纫，缝后拉紧收拢打结，染色后可得到与平针缝法不同的虚线花纹（图 5－10）。

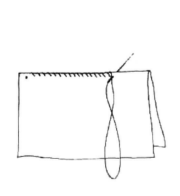
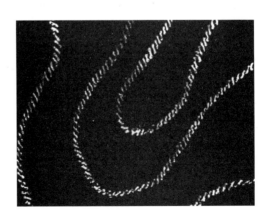

图 5－10　绕针缝扎法

3. 打结扎法　打结扎是将布料自身打结抽紧（不使用线绳捆绑），使打结处的结节严紧密实，产生阻断染液浸入的作用，染色后可得到防染变化的花纹。打结法有任意结（即将织物任意打结），四角结或三角结（即将织物四角打结，或将方形织物按对角线折成三角形后，再将三角打结），折叠结（将织物折叠成长条形打结，或将织物收拢成长条形打结）等，如图 5 – 11 所示。

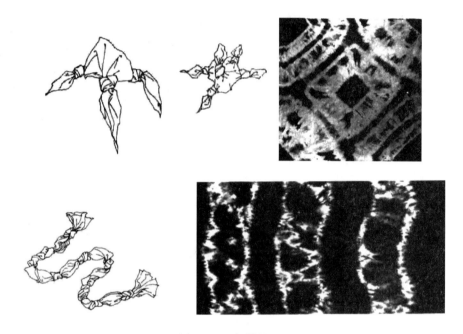

图 5 – 11　打结扎法

4. 器具辅助扎法　在扎染中创造性的利用各种器具物品作扎结的辅助物，染色后会显现出奇特别致的花纹。

（1）夹板扎结法。将织物按经向对折，然后将对折后的织物再分别对折，成为四层折叠的带形，在带形的一端折成正方形或三角形，并继续按照正方形或三角形的大小正反折叠起来，直至折完。取两片与折叠织物大小相仿的正方形或三角形夹板（可用木制三合板制成）夹住折叠织物的两面，并用线绳扎紧，也可用铁夹或其他工具夹紧。染色时先将染物放入热水中浸湿后，捞出并挤去水分再进行染色。染色时可以全部浸染，也可以局部浸染，所得花纹将不相同（图 5 – 12）。

（2）毛竹板条扎结法。同夹板扎结一样，先将织物按正方形或三角形正反折叠完毕，再取宽窄厚薄相等、长约 30cm 的两根毛竹条或方木条夹住织物的两面，竹板条两端用线绳扎紧，经热水浸湿后，放入染液进行染色，竹板条紧夹的部分因染液受阻无法渗入而显出花纹。

除此法外，还可将织物按经向正反折叠成细带状（可以四折、六折或八折等），用木夹或用铁夹按一定间隔夹住，进行染色，同样可得到别致的花纹。

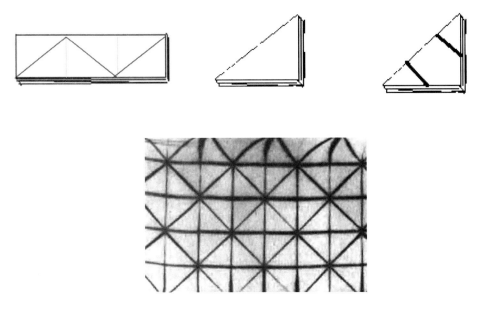

图 5 – 12　夹板扎结法

（3）卷缩扎结法。将织物按纬向折叠，用一根长于织物门幅长度的圆木棒，也可用塑料棒、玻璃棒、空酒瓶等，紧靠折缝，并与折缝平行放好，然后将织物卷在圆棍上，可卷二到三圈，用线绳将一端扎紧不使松动，用手握住卷棍两端，并用力往中间推压已卷织物，使其紧密皱拢，直至推不动为止，用线绳扎紧织物的上端，放入染液中染色后，可得到重叠的波形花纹。以同样方法，也可用两根圆棍从织物两端同时卷缩，两棍卷扎后，其中间的织物可用线绳绑扎，或用三根或四根圆棍在具有一定长度的织物上同时卷缩扎结，也可得到重叠的波形花纹（图 5 –13）。

图 5 – 13　卷缩扎结法

（4）颗粒状硬物包扎法。扎染时用黄豆、蚕豆粒、碎石子、枇杷核、话梅核等颗粒状硬物包裹于织物之内，用线绳扎绕，染色后可得到不规则花纹（图 5 –14）。

四、染色

染色是扎染的重要步骤。在染色之前先将已扎结好的织物放入水中浸泡半小时，取出挤

图 5 - 14　颗粒状硬物包扎法

去多余水分，在湿态状况下投入染液浸染或者煮染，得到的是浅白色深地花纹，由于扎结方法不同，织物受力松紧不同，染液不能均匀地扩散到扎结部位，形成深浅浓淡多变的色晕效果。

1. 染料　根据织物纤维的种类合理地选用染料是重要的。每种染料对于纤维都有一定的适染范围，例如，直接染料适染于棉、麻、蚕丝、人造丝等纤维织物；还原染料适染于棉织物和棉维混纺织物；酸性染料适染于丝、毛、锦纶等织物；活性染料适染于棉、麻、丝、毛、人造丝、人造棉等纤维织物。

2. 染液配制及染色

（1）直接染料染色。配方如下：

	浅色	中色	深色
染料（owf）	0.5% 以下	0.5% ~2%	2% 以上
促染剂（食盐）	3g/L	3 ~7g/L	7 ~15g/L
浴比	1 :（20 ~40）	1 :（20 ~40）	1 :（20 ~40）

染后固色时，无甲醛固色剂 Goon701 用量为 1% ~3%（owf），浴比为 1 :（10 ~15）。

先称出所染织物的重量，再按染色的浓度根据染物的重量称出所需的染料，然后用热软水将染料调匀溶解，并将促染剂食盐用水溶解待用，按浴量配制成染液，加温至 50℃ 左右时将染物放入染浴中，再加热使温度上升至近沸点，煮染 10min 后将促染剂（食盐液）的一半量加入染液拌匀（如直接加入食盐时注意不要将食盐加在染物上，以免染色不匀），煮染 10min 后，加入剩余的一半食盐。再煮染 10min，取出水洗，拆除扎线后水洗和固色。固色时应按照所染织物重量，按上面所列比例量出固色剂，按浴比用 50 ~60℃ 的温水配制固色液，将染物放入固色 15min。

（2）酸性染料染色。配方如下：

	浅色	中色	深色
染料（owf）	0.5%以下	0.5%~2%	2%以上
冰醋酸	0.25~0.5g/L	0.5~1g/L	2g/L
浴比	1:（25~40）	1:（25~40）	1:（25~40）

染后固色时，固色剂 Goon706 用量为 15%（owf），浴比为 1:（25~40）

按配方，先根据染物重量称出所需用的染料，用少许热水将染料调匀溶解，按浴量加水调配成染色溶液。将染液加热至 50~60℃放入染物，再加温至 80~90℃后加入促染剂冰醋酸，煮染约 30min，取出，冲去扎结物上的浮色，拆除线绳，水洗，固色，再水洗后晾干烫平。由于丝绸织物质地轻薄，光泽要求高，不宜长时间沸染，长时间沸染容易引起灰伤。

（3）活性染料（X 型）染色。配方如下：

	浅色	中色	深色
染料（owf）	0.5%以下	0.5%~2%	2%以上
食盐	3~10g/L	10~20g/L	20~30g/L
固色剂（纯碱）	5~10g/L	5~15g/L	15~20g/L
浴比	1:（25~40）	1:（25~40）	1:（25~40）

根据染物重量称取所需用的染料，用冷水将染料溶解，并将食盐溶解备用。按浴量配制成染液。温度 30℃左右为宜，先将织物浸染，10min 后加入食盐溶液，再浸染 30min，加入纯碱，30min 后取出染物，冲去浮色，拆去线绳，进行水洗，之后皂洗 10min，皂洗温度可在 95℃以上，最后冷洗，晾干，熨整。活性染料染真丝织物时也可以不用纯碱固色，但要高温皂洗以除去浮色。

在扎染染色中，考虑到染液不能使织物全部上染，所以在按织物重量称取染料时，可根据扎结花纹部位的多少而相应改变染料的用量。

3. 单色和多色扎染

（1）单色扎染。单色扎染是将扎结好的织物（多为浅白地织物）投入单一色相的中深色染液中进行染色，所得到的是浅白色深地花纹，清新雅致令人喜爱。由于扎结方法的多样，用力的松紧不同，织物的折叠皱缩有变化，使染色溶液不能均匀地扩散到结扎部位，形成了深浅浓淡多变的色晕效果，被称作扎染之魂。如果某一色相的染液是由 2~3 个单色染料拼合而成，在染色过程中由于每个染料的上染速率和扩散速率的差别，也会在扎结部位形成几种不同的色相变化，使得单色扎染也具有含蓄、丰富的色彩效果。

（2）多色扎染。

①双色扎染。先扎结染浅淡色后，再扎结染较深色，得深浅两色之花纹。

②多色迭染。按上述方法用邻近色或互补色重迭染色，如先用黄色染色后，扎结染大红，再扎结后染橄榄绿色，会得到棕褐色深底的黄、橘红色花纹。

③多色绘染。先在所绘花纹内涂绘上所需的色彩，色数可不受限制，然后用平缝扎结法，按所需花纹平缝，抽紧后缠绕扎结，放入深色染液中染色，可得到丰富多彩的花纹。

④各色点染。用各色染液点涂在织物的结扎或缝扎部位，使其渗透进去，然后投入深色染液中染色，同样可得到多彩花纹。

⑤多色刷染。先将不同色相的染液刷染在白地织物上，晾干后进行扎结，再投入深色染液中染色，可得到多色花纹。

扎染织物经染色、水洗、固色后，应再水洗、皂洗、水洗，以漂去浮色，挤干水分，趁湿进行熨烫，将扎染褶皱痕迹在湿态下烫平，织物色彩才能显得艳丽而富有光泽。

学习任务 5-2　纺织品蜡染作品制作

知识点

1. 蜡染作品的风格特点。
2. 蜡染作品制作的一般步骤。

技能点

1. 根据蜡染作品的用途进行布料选用、蜡染图案的设计。
2. 进行扎染作品制作的实施。

蜡染，是一种古老的防染工艺，古称"蜡缬"，与绞缬、夹结一起被称为我国古代染缬工艺的三种基本类型。

蜡染的基本工艺是将蜡加热到一定温度熔化后涂绘于设计好图案的织物上，然后将织物浸入染液中染色。由于染液不能浸入涂过蜡的部分而形成了局部防染，保留了地色花纹。经过冲洗、脱蜡等后期工艺，色地白花或白地色花的蜡染工艺品就做成了。

蜡染工艺品的魅力除了图案精美外，还在于蜡冷却后在织物上产生龟裂，色料渗入裂缝，得到变化多样的色纹，俗称"冰纹"。同一图案设计，做成蜡染后可得到不同的"冰纹"。类似瓷釉的"开片"，极具艺术效果。裂纹的大小、走向，可由人掌握，可以恰到好处地表现描绘对象，特点鲜明。要染多色彩层次的花口，可采用分色封蜡的手段，表现力更丰富。现在蜡染多用于制作工艺服装、壁挂、台布等。

据记载，在秦汉时期，我国西南少数民族就已经掌握了蜡染技术，并且以蜂蜡和白蜡作为防染材料也早于印度和埃及。考古学家在我国新疆地区发现的西汉时期的蜡染绢、东汉时期的蜡染棉布以及北朝蜡染毛织物都充分说明了我国悠久的蜡染历史。

在贵州少数民族地区，继承和发扬了传统的蜡染工艺，而且流行很广，已成为少数民族妇女生活中不可缺少的一种艺术。各少数民族的蜡染各有特色，例如，苗族的蜡染图案有的还沿用古代铜鼓的花纹和民间传说中的题材，有的是日常生活中接触的花、鸟、虫、鱼；而布依族则喜用几何图案。各民族的蜡染都有独特的风格。

蜡染艺术在少数民族地区世代相传，经过悠久的历史发展过程，积累了丰富的创作经验，形成了独特的民族艺术风格，是中国极富特色的民族艺术之花。

一、蜡染的材料

1. 布料　蜡染所需的布料以粗厚型棉布为主，一般都是用民间自织的白色土布，但也有采用机织白布、绵绸、府绸的。制作古朴风格的蜡染产品，一般选用粗厚的本色棉布〔29tex以上（20 英支以下）〕。如果要制作现代韵味的蜡染作品，可选用漂白或单色棉布。选用哪一类面料完全取决于制作者的设计意图和作品的用途。棉布规格品种齐全，价格便宜，有着较大的挑选范围。另外，棉布耐高温，特别适合高温下的画蜡、脱蜡工序，而且家庭染色方法简便，因此，棉布是制作蜡染的理想面料，在世界各国广泛采用。

制作高档蜡染产品，也可选用真丝类面料，真丝双绉、真丝素绉缎、真丝桑波缎都是上等的蜡染面料，专门用于制作高档时装、床罩等。在日本，这类面料多用于制作蜡染和服和供审美的艺术品。真丝电力纺比较薄，多用于扎染工艺，也有少量的用于蜡染，一般用于制作蜡染方巾等。麻类织物也可用于制作蜡染服装。

2. 防染材料　蜡染所采用的防染材料非常丰富，世界各地都有着自己的特点，最常见的有以下几种。

（1）石蜡。石蜡是一种矿物性的合成化合物，是从石油中提炼制成的白色半透明固体，它的熔点比较低，黏度小，易碎裂，易脱蜡，制作"冰纹"效果好。石蜡在国内各地都极为常见，如果临时用一点蜡，也可用普通的蜡烛代替。

（2）蜂蜡。也称蜜蜡、黄蜡，是蜜蜂腹部蜡腺的分泌物，它不溶于水，但加温后可以融化。蜂蜡以黄色为主，也有少量白色。它的特点恰与石蜡相反，黏性极大，不容易碎裂，多用于画细线和不需要裂纹的地方，但不宜大面积单独使用蜂蜡，因为它会使图案过于呆板，另外，蜂蜡极不容易脱蜡，价格也很高。

（3）木蜡、白蜡。都属植物性蜡，是从树、果皮中提炼而成，优等木蜡、白蜡黏性适中，比较适合单独使用。在我国台湾和西南少数民族地区有使用木蜡、白蜡来绘制蜡染图案。

（4）松香。松香熔化后黏性极大，多与石蜡配合使用，可使蜡液凉后松脆，易产生蜡纹，但不能过多，否则蜡层易剥落。

各种防染材料是单独使用，还是混合使用，首先应根据制作者的设计意图来决定，同时还应考虑到画面的大小、气候的冷暖、布料的质地、染料的特性以及裂纹的要求等因素。也可按图案要求，某些地方单独用蜡，而另外的地方使用混合蜡，有时为了达到某种特殊裂纹效果，还可加入一些凡士林、食用油等。还有一种冷松香防染材料，染色后，只需用冷水冲洗就能脱蜡，使用方便。

3. 染料　蜡染用染料分为天然染料与合成染料两大类。

（1）天然染料。天然染料包括植物性染料、动物性染料和矿物类染料，在我国古代印染史上主要采用天然植物染料进行手工印染。我国贵州地区盛产蓝草，这是一种蓼科植物，茎高约 67~100cm（二、三尺），7 月开花，8 月收割，把蓝草叶放在坑里发酵便成为蓝靛。贵州乡村市集上都有以蓝靛为染料的染坊，但也有把蓝靛买回家自己用染缸浸染的。制作彩色蜡染时用杨梅汁染红色，黄栀子染黄色。

（2）合成染料。蜡染制作中常采用低温染色工艺，这是因为蜡的熔点低，使用高温染色工艺将破坏防染效果。因此，在选用染料时，应根据染物的品种选用低温型的染料为好，如活性 X 型染料、不溶性偶氮染料、还原染料等，但低温型染料有时色谱不全，所以有时也选用一些高温型染料，如酸性染料、直接染料等，但在蜡染中仍只能在 35℃ 以下低温浸染。由于天然染料色谱不全且制作麻烦，现在做蜡染常用的是合成染料。

二、蜡染用具

1. 画蜡工具

（1）蜡刀。在我国西南少数民族地区，多用蜡刀画蜡，蜡刀是用两片以上的铜片固定在竹竿或木杆上制成。用毛笔蘸蜡容易冷却凝固，而铜制的画刀便于保温。用蜡刀画出的花纹图案精工细作，有一种刀刻的感觉，非常有力。但是，要熟练掌握蜡刀的使用技巧并不容易，需要较长时间的练习。蜡刀的不足之处是，每次蘸蜡液不多，画长线就比较困难，反复蘸蜡液制作速度很慢，另外画蜡时也容易滴蜡。根据绘画各种线条的需要，有不同规格的铜刀，一般有半圆形、三角形、斧形等。

（2）蜡壶。这是在 15 世纪左右发明于爪哇国的一种比较先进的画蜡工具，这种工具在印度、东南亚地区被运用得较为广泛。这种工具是由一个铜制壶身和 1~3 个铜制壶嘴组合而成，再把它固定在竹竿或木头柄上。蘸蜡液时，液体从壶身上方的开口流进，画蜡时，蜡液从壶嘴流出。制作时还可根据设计意图，对壶嘴不断地吹气，以控制蜡液的温度，使蜡线达到自己的要求。另外，蜡壶可盛一定量的蜡液，在画蜡时不需要反复蘸蜡，这样不仅节约了制作时间，而且丰富了蜡染的表现力，特别是画长线时可一气呵成，线条自然流畅。如果需要画双线，带有两个壶嘴的蜡壶就有了很好的表现天地，用这样的工具绘出的双线，自然会平行、整洁得多。

（3）蜡漏斗。与蜡壶相比，蜡漏斗制作容易，并有蜡壶的某些优点。制作方式之一，找一小块铜皮，卷成一个漏斗状，上部用两颗小钉子固定在木柄上即可；制作方法之二，用一根直径为 2cm 左右、长度为 5cm 左右的铜条，在车床上将中间镗空，将笔端车尖，最后钻一个小洞，再将漏斗固定在木柄上即可。

（4）铜丝笔。取一根细木棍（如铅笔、水彩笔、油画笔杆之类），将一根 3cm 左右长的铜针或小铜片固定在笔端，再将羊毛或头发、棕丝一类织物绕于铜针上面成一小团，最后，用细铜丝裹在小团外围即可。铜丝笔具有较好的蓄蜡保温性，便于画蜡线，且使用方便自如，经久耐用。

（5）毛笔、排刷。这类工具包括普通的毛笔、油画笔、底纹笔、油漆刷等。使用这类工具，如同写字、绘画一样，十分方便灵活。用毛笔、排刷画蜡，利用蘸蜡液的多少和蜡液的温度变化，再加上运笔变化，能产生出多种风格和多种趣味的防染效果，这是其他画蜡工具难以达到的。对于有一定书法、绘画基础的制作者，更有着广阔的艺术天地。用毛笔、排刷画蜡美中不足的是，由于毛笔、排刷这类工具都是用动物毛制作而成，在长时间高温情况下笔毛容易变弯和烧焦。因此，在使用毛笔、排刷这类工具时应注意：准确地控制蜡温；笔毛不要长时间放在蜡液里，不用时应放在外面，特别要避免笔毛与蜡锅底长时间接触，解决的办法是在蜡锅底部放一些小石头；当笔毛上含有水分时，千万不要急于蘸蜡液，一定要待干后再使用。这样便可大大延长毛笔、排刷这类工具的使用寿命。

（6）塑料注射器。利用医用注射器画蜡也能收到较好的效果，在画蜡时也不容易产生滴蜡现象。

（7）竹刷。把普通的竹子锯成 12～15cm 长度，然后将这些竹筒分开成 0.5～1cm 宽度的长条，再将这些长条分成细丝（每根直径 0.1cm 左右），然后把这些细丝捆扎牢固即成。用竹刷蘸蜡液后，在织物上方轻轻甩动，将产生密集的细小蜡点，可产生特殊纹理效果。

2. 熔蜡工具　常用电炉、火炉、酒精灯来加热熔蜡。铝锅、铝盆、搪瓷锅、不锈钢盆都可，不必太大。

3. 木框　用于固定、绷紧布面。木框的大小根据画面而定，如果木框不够大，也可采用移位的方法，画完一部分，再移至另一部分。若没有木框，也可将织物平铺在光洁硬挺的台面上，如玻璃板。

4. 染盆（染缸）　所需染盆（染缸）尺寸大小应根据被染织物多少而定，如果采用 X 型活性染料染色，只需一个盆即可。

5. 脱蜡锅　用于染色之后皂煮脱蜡。

6. 调色碗　用于调配染料，可多准备几个。

7. 长木棍　用于染色时翻动织物。

8. 电熨斗　用于最后工序织物的平整处理。

三、蜡染工艺

制作蜡染产品必须按照一定的工艺程序进行。它的具体步骤是：

设计──绘稿──上蜡──冰纹处理──染色──脱蜡──整理

1. 设计　根据用途，设计出所需要的图案或装饰画稿。

2. 绘稿　把设计稿样绘制在织物上，保持织物的整洁，轮廓线不必要太深，只要在画蜡时能看清线形就可以了。但是应注意，在绘稿之前必须对选定的织物进行浸泡和加温皂洗，以除去织物上的浆料或杂质油污，洗净后晾干、烫平，方可绘稿。

3. 上蜡　将蜡液按设计意图描绘到织物上去称为上蜡，或叫画蜡和封蜡。上蜡前要先把固体的蜡液化，并使它保持在织物上画蜡的最佳温度状态，称之为熔蜡。通常采用直接法或间接法两种方式熔蜡。

①直接法：把蜡放在搪瓷杯或碗里（也可用不锈钢容器），在电炉或者酒精炉、煤气炉、木炭炉上直接加热，使蜡熔化成液体，为上蜡做好准备。蜡很容易燃烧，应用小火慢慢加热，温度在120～150℃就可以开始画蜡。不同的面料所需要的蜡温也不一样，一般来说，面料越厚，需要的蜡温越高。直接法的优点是加热快；缺点是不易控制蜡温，温度时高时低，防染效果不理想，蜡温太高还会损害蜡的柔软性，蜡也就变得十分松脆，染色或移动时，蜡便会一片片地脱落。我国西南少数民族，有的用木炭和木炭灰来调节温度，既方便，又经济。

②间接法。如果热源温度太高，又找不到调压器来控制温度，就可用间接法熔蜡。这种熔蜡方法是利用水的温度传热，使蜡液保持在一定的温度之内。做法是，先准备一个较大的搪瓷容器，盛半盆水放在热源上。再找一个小容器，放进大搪瓷盆里，在小容器里先放一些小石头，以防小容器在水中浮起。把所需的蜡放进小容器，加热后，通过水传热，使小容器里的蜡块熔化，并保持在一定的温度。这样间接加温的方法使蜡温不会很高，正适合画蜡，防染效果也很好，也能保持防染效果前后一致，又不需购置专门的器材，既经济，又安全，很适合家庭使用。

上蜡前，布要保持干燥，如果布受水潮湿，将影响蜡的防染效果。用蜡刀或毛笔、毛刷等饱蘸熔化了的蜡液，像作画一样在织物上绘制各式纹样。上蜡时，要把握好蜡液的温度，不可过高，也不能太低。温度过高，蜡液在织物表面流动使渗透过快，不能凝结成一定厚度的蜡膜，蜡防效果就差，温度过低，蜡液流动缓慢，来不及渗透到织物反面就会过快凝结，在蜡层与织物表面之间形成空隙，防染作用同样不佳。绘蜡时以蜡液能渗透到织物反面并有一定的封闭作用为理想，掌握这个温度要看蜡液表面有轻烟冒出为好，如烟浓重显示蜡温过高，就要注意调节火候，控制蜡温以保证蜡染效果。

上蜡时，使用不同的绘蜡工具可产生不同的蜡绘效果。此外，不同的绘蜡方法也产生不同风貌的蜡染纹饰。常见的绘蜡方法有描蜡法、刷蜡法、点蜡法、泼蜡法、刻蜡法、梳蜡法等。

4. 冰纹处理　蜡在冷却凝结后易开裂形成细微的缝隙，特别在染色时，翻动染物，蜡就会被无意搅碰而碎裂，染液会顺裂缝徐徐浸入织物，脱蜡后，在白色或浅色的地色上就留下深色纹线，犹如冰裂之纹，称之为冰纹。这意外的产物，使蜡染织物增添了活泼的装饰韵味，从而形成了蜡染艺术的一大特征。所以不少人把蜡染的冰纹誉之为蜡染的灵魂，并在蜡染的制作中刻意追求。

冰纹的产生与蜂蜡、石蜡的使用比例有关。石蜡的用量大于蜂蜡，冰纹的效果就明显。

一般情况下蜂蜡与石蜡的掺合比例为 4:6，也有 1:1.1 或 3:7 的。如要减少冰裂现象，只要适当增加蜂蜡的比例就可以了。冰裂效果虽属于蜡染过程中的自然现象，但在作品中如能有意识地控制冰裂现象，并能根据装饰的需要，精心布局，处理得当，定会使作品增色不少。冰纹的处理方法应随设计意图而选择或创造。简便的方法有如下几种：

（1）自然冰裂法。将绘好蜡的织物浸入染液中，利用棍棒翻动搅拌，蜡会碎裂，自然生成冰纹。冰纹的多少与翻动的次数与轻重有关，但冰纹的部位却不易控制。蜡纹过多也会产生破坏作用，使整个图案杂乱无章。

（2）捏皱冰裂法。将上蜡织物按需要冰纹部位抓起，轻轻皱捏，使蜡龟裂产生冰纹，或者用拇指和食指捏出冰裂效果。

（3）折叠冰裂法。将上蜡织物进行折叠，使蜡冰裂。可以全幅折叠，也可以局部折叠，或利用桌子的边缘将封蜡折裂。

（4）敲打冰裂法。将上蜡织物皱折后，轻轻敲打使蜡开裂产生冰纹。

（5）冷冻冰裂法。将绘蜡的织物放入冰箱冷冻室冷冻 10min，取出后用手做出冰裂效果。

（6）刻划冰裂法。利用尖利状物在已上蜡部位按设计意图进行刻划，使之产生冰裂效果。

5. 染色 染色操作也是蜡染成败的关键工序，一般染色采用浸染和刷染两种操作方法。

（1）浸染。浸染法是将绘蜡织物放入染料溶液中进行浸渍。浸染时染液的浓度和染液量是根据所染织物的重量来确定的。

①采用活性染料浸染，其染液配方如下（染料用 X 型活性染料）：

	浅色	中色	深色
染料（owf）	0.5% 以下	0.5% ~2%	2% ~10%
促染剂（食盐）	5 ~10g/L	10 ~20g/L	20 ~30g/L
浴比	1:(25 ~40)	1:(25 ~40)	1:(25 ~40)

染色前，先称出染物的重量，漂洗退浆之后烫平绘蜡。根据染物重量称出所需染料量，用冷水将染料化开，最后按浴比量出用水量，并按比例称出促染剂食盐的用量，配制出染液。将织物放入染液中，在 30℃ 下浸染约 60min 取出固色。固色液配方如下：

	浅色	中色	深色
纯碱	5 ~10g/L	10 ~15g/L	15 ~20g/L
浴比	1:(25 ~40)	1:(25 ~40)	1:(25 ~40)

染物浸染后，放入固色液中，固色 30min，取出用冷水洗涤 5 ~10min，就可以进行脱蜡和皂煮。脱蜡用 95 ~100℃ 沸水，棉织物煮 5min，真丝织物煮 3min 即可。然后进行冷洗，再以 2 ~4g/L 洗涤剂配成浴比为 1:40 的皂洗液，以 95℃ 以上温度皂煮 5min，以洗除多余浮色。最后再冷洗、晾干。

②采用还原染料浸染。还原染料取 4% ~ 5%（owf），用少量的太古油调匀，然后以 5 ~ 10 倍量的温水调成浆状，按浴比量出定量的软水，将调匀的还原染料倒入水中，并加规定量的烧碱和保险粉，在 60℃ 的温度下还原 10 ~ 15min，待温度渐渐冷却后，约 30℃ 以下将已绘蜡的织物浸湿，挤干水分投入染液，浸染 60min，并经常翻动。然后捞出，在室温条件下展开于空气中充分氧化、晾干。再以 4 ~ 5g/L 的皂洗液在 95℃ 温度下皂洗、脱蜡 15 ~ 20min，最后冷洗晾干。其染液配方如下：

	浅色	中色	深色
染料（owf）	0.5% ~ 1%	1% ~ 3%	3% ~ 5%
烧碱［30%（36°Bé）］	20mL/L	25mL/L	30mL/L
保险粉（85%）	4 ~ 5.5g/L	5.5 ~ 8g/L	8 ~ 12g/L
浴比	1:40	1:40	1:40

③采用直接染料或酸性染料浸染。必须在室温下进行，浸染后的蜡染布晾干后要采用吸附法熨烫脱蜡，并要蒸化处理才能使染料上染，并使染物有一定的色牢度，不可采取皂煮的方法脱蜡。直接染料或酸性染料溶液的调配是先称出所需染料粉，用少量软水调成浆状，再用沸水将其溶解，搅匀，配成所需浓度即可。浸染时，直接染料用食盐作为促染剂，酸性染料的促染剂可用冰醋酸。

（2）刷染。刷染是用底纹笔或者排笔、毛刷、漆刷蘸上染液在封蜡的织物上轻轻刷涂，可来回刷，使染液达到均匀上染，并使开裂的蜡缝中也能浸入染液，形成冰纹。所配制染液的浓度（质量百分数）一般浅色为 0.5%，深色为 4% ~ 6%。

采用低温型活性染料刷染时，可将固色剂纯碱加入染色液中，使染料在织物上更好地上染和固着。采用高温型活性染料、直接染料或酸性染料刷染，织物必须经过蒸化，才能有较好的色牢度。

不管采用浸染还是刷染，根据织物品种选择染料都是很重要的，如直接染料、活性染料对棉、麻、蚕丝纤维都适染。还原染料适合染棉、麻织物，酸性染料则适用于丝、毛等动物性纤维织物的染色。

（3）多色蜡染。传统蜡染产品色彩以蓝、白两色为多，但也有彩色蜡染。制作多色蜡染可采用多次封蜡多次染色的办法。也可以多色刷染，干后封蜡，再浸染或刷染深色的做法。

①单色相深、中、浅色多次染色法。单色相染液是指一种色相的深、中、浅多种染液。先在白色织物上封第一次蜡，然后浸染浅色，晾干后再在浅色部位作第二次封蜡，然后浸染中色，晾干后作第三次封蜡，然后浸染深色，晾干后，脱去蜡质，即可得到同一色调不同明度的花纹装饰。

②多色浸染法。此种方法步骤如单色染液多次染色法，染液可用色相或明度不同的邻近

色，也可用对比色相。如第一次封蜡后浸染黄色，第二次封蜡后浸染橘黄，第三次封蜡后浸染大红或棕色等。

③多色填绘法。将画好的蜡画纹样根据设计意图，把浅淡或明亮的色填好，干后封蜡并制作冰纹，然后再浸染或刷染深色，干后脱蜡即可。

6. 脱蜡 染色之后，即可除去蜡质，此步骤称为脱蜡。脱蜡方法常用的有烫蜡吸附法和开水煮蜡法两种。

（1）烫蜡吸附法。将已染色的蜡染半制品干燥后放在较平整的台板上，在其上下各垫些吸附性能较好的纸张，如报纸、毛边纸等，然后用电熨斗反复熨烫，使蜡熔化并从织物上释出，转移到纸张上被吸收，熨烫时应注意及时更换已饱吸蜡液的纸，直至蜡液脱净为止。烫蜡吸附法适用于直接染料和酸性染料染色的产品。

（2）开水煮蜡法。将染色后的蜡染棉织物放入沸水中烧煮 5～10min，丝织物 3～5min 即可。待蜡熔化，将布捞出水洗固色。

此外，用沸水浸泡多次，也可脱蜡。

脱蜡后的织物还要进行水洗、皂煮、水洗，然后晾干、熨烫等一些后道工序方可使用。

☞ 复习指导

1. 知道常用的扎染工具及材料。

2. 掌握常见扎结方法，如捆绑扎、缝扎、结扎、器具辅助扎等。知道各种扎结法制作的图案效果。

3. 能够根据扎染织物的类别合理的选用染料类型，并且确定染色工艺。

4. 知道蜡染的"冰纹"效果是如何形成的。

5. 了解蜡染所用的防染材料各自有什么特点。

6. 知道蜡染加工的工具。

7. 掌握蜡染的加工流程。

8. 知道蜡染的染色操作有浸染和刷染两种类型。

9. 知道如何脱蜡。

☞ 思考与训练

1. 什么是扎染？

2. 常用的扎结方法有哪些？

3. 扎染前的准备工作有哪些？

4. 染色前扎好的织物是否需要在水中浸渍？为什么？

5. 蚕丝织物扎染中色的染色工艺配方及流程是什么？

6. 蜡染加工中，各种防染用的蜡有什么特点？

7. 什么是蜡染？

8. 蜡染加工的步骤是什么？

9. 蜡染的灵魂——"冰纹"的处理有哪些方法？产生的效果有哪些特点？

10. 蜡染可以采用高温型染料进行染色吗？如何处理才能保证色牢度？

11. 你知道如何脱蜡吗？比较两种脱蜡方法。

学习情境6 纺织品印花质量控制

学习目标

1. 掌握纺织品印花质量检测的主要指标及要求。
2. 掌握纺织品印花常见疵病及产生原因。
3. 掌握纺织品印花常见疵病防止措施。

案例导入

案例1 江苏某印染厂以印花加工为主,主要对外承揽印花加工。2012年6月加工某一批号涤棉混纺面料(80/20)后出现了较严重渗化的质量问题。技术人员经分析发现,该批产品均为平网印花机生产,5月以来员工流失严重,新进员工在培训期未结束的情况下直接进入一线生产,调制色浆过程中未根据织物控制色浆的黏度,并未及时对设备工艺参数进行修正;另外,入夏以来雨水较多,空气湿度比往年同期要大。因此,技术部门拟定对操作人员进行严格的技能培训,严格按照生产工艺和设备进行操作;另建议合成纤维高比例的混纺物,配浆时应用较稠的乳化糊,避免用水稀释;同时建议空气中湿度太大时,配浆应少加水或不加水。

案例2 山东高密某印染厂以各类纺织品印花加工为主,该公司设备以圆网印花机为主。在加工某一批号印花产品时出现传色问题。技术人员经分析发现,两种不同颜色的花纹相接时,先印的印花版花纹面积较大且给浆较多,使花纹渗化或堆置在织物上,后印的印花版挤压时,使这些先印在织物上的色浆透过该版花纹网孔进入版内,造成后印印花版内色浆变色,导致传色。因此,技术部的修改了印花工艺及圆网排列,对于传色严重的花纹,按先浅后深的原则排列圆网;同时,根据加工产品的不同,合理控制色浆的黏度。

引航思问

1. 在上述案例中涉及了几种印花设备?
2. 根据上述案例,请思考影响纺织品印花加工质量的因素,有哪些措施可以避免印花疵病的产生?

学习任务 6-1　纺织品印花质量控制及检测

知识点

1. 印花原材料质量控制的内容及要求。
2. 印花工艺过程控制的主要内容及要求。
3. 印花产品质量指标的内容及要求。

技能点

印花质量检测的主要指标及技术要求。

一、印花产品质量控制

（一）原材料质量控制

1. 合理选用染料及助剂　首先按加工要求选用性能优良、适用于印花的染化料，应用前对染料力份、色光等质量指标严格把关；助剂如碱剂、海藻酸钠糊、黏合剂等也要检验合格后方能使用，同时也要考虑成本和环保等因素。

2. 印前半制品质量控制　纺织品印花对印前半制品的质量要求较高。部分人往往只重视印花加工，而忽视了对印前半制品的质量要求，应避免这样的误区并加以纠正，应加强印前半制品质量检验工作，并交由专人负责检验控制。

（二）生产工艺过程控制

纺织品印花是一个系统化、连续化的加工过程，任何一个环节出问题都会导致产品质量下降。其中，生产工艺对纺织品印花质量影响最大，生产工艺过程控制主要包括印前准备控制、印花过程控制、印后处理过程控制等。

1. 印前准备控制

（1）花版制作。制版是印花生产的第一个重要环节。制版质量对图案对样准确性、图案清晰度及某些外观疵点都有直接关系，如果制版出现问题，无论印花工艺如何控制，都无法保证印花产品质量。因此，我们必须严格控制制版过程的所有因素，使用前认真检查花版质量。

（2）仿色。仿色要求准确而迅速，即要满足客户要求，同时也应方便车间生产。在仿色时，所用的染料、助剂、工艺条件、半成品布、光源等都应与大车生产一致。合理选用染料和助剂，并考虑成本及环保等因素；书写配方时应将染料名称、浓度、力份、生产厂家、生产批次等写清楚，以便技术人员生产上车使用。

（3）色浆调制。色浆调制应按工艺要求认真操作，色光必须满足原样精神要求，并且应根据花型效果合理确定色浆黏度，色浆量应根据产量确定，够用为度，不要调制过多的色浆而造成浪费。

（4）印前半制品准备。印花前半制品必须检验合格后方能使用。印前半制品要求退浆充分（测退浆率）、煮练透彻（测毛效），漂白效果（测白度）和丝光要求（测钡值及尺寸稳定性）等各项处理效果要均匀一致，布面 pH 控制合理，干湿程度一致，尺寸稳定性好，无沾污，无折皱，幅宽符合印花要求并且一致，如印制几何花型或条格花型产品，则要求半制品无纬斜或弧斜。

（5）设备准备。清理印花机各部件卫生，检查各仪器仪表、进落布装备、印花装置、烘燥装置、传动装置、蒸化装置等是否正常，引布是否穿好等，一切准备无误后方能开车。

2. 印花过程控制　在印花过程中，操作人员应时刻检查花型、色光是否满足原样精神要求，有无疵点产生，落布是否烘干，设备运行是否正常等；印后蒸化时应控制好温度、湿度及车速等关键因素；纺织品印花水洗是一个十分重要的工序，水洗时应控制好水温、水的流量、水的置换、洗涤剂性能等因素，防止水洗不当造成白地沾污及色牢度下降等现象。

3. 印花水洗固色控制　水洗主要是去除浮色和糊料，其效果关系到印花外观质量，尤其对花色鲜艳度、色牢度、白地纯洁度有很大关系。因此，水洗时应控制好水温、水的流量、水的置换、洗涤剂性能等因素，防止水洗不当造成白地沾污及色牢度下降等现象。

二、印花产品质量检测

（一）印花产品质量检测指标

纺织品印花产品质量包括外观质量和内在质量两个方面。

1. 外观质量检测　外观质量检测指标包括幅宽、长度、质量、密度、手感、图案清晰度、色彩鲜艳度、整体对样无疵点等。这些指标的检测同练漂、染色产品一样。其中，与印花加工有直接关系的是图案清晰度、色彩鲜艳度、整体对样无疵点。图案对样是指印花产品图案的形状、大小、相对位置及色调、色泽的浓淡和色光等要符合原样要求。印花疵点种类繁多，不同的加工织物，不同的工艺方法，不同的加工设备，产生的疵点也不尽相同。

2. 内在质量检测　内在质量检测指标包括缩水率、色牢度、断裂强力、甲醛含量、环保染料等项目。其中色牢度又包括耐日晒牢度、耐摩擦牢度、耐熨烫牢度、耐皂洗牢度、耐汗渍牢度、耐水浸牢度、耐洗牢度等。

对于不同的印花产品，根据其用途和印花方法的不同，其内在质量的控制往往不尽相同。如涂料产品注重于耐湿摩擦牢度、耐日晒牢度、耐皂洗牢度和手感；拔染印花产品除注重于色牢度外，还要控制好断裂强力；活性染料印花产品注重于耐日晒牢度、耐皂洗牢度、耐水洗牢度；分散染料印花产品还应控制分散染料的耐升华牢度。

（二）产品质量检测方法

产品内在质量指标的具体检测方法详见蔡苏英主编的《染整技术实验》（第2版）。

学习任务 6-2　纺织品印花常见疵病及防止措施

知识点

1. 纺织品印花常见疵病形态及其产生原因。
2. 纺织品印花常见疵病防止措施。

技能点

分析印花常见疵病产生原因及防止措施。

在印花生产加工过程中，由于印花设备、工艺、后处理以及人员操作等方面的影响，印花产品会出现各种疵病，使产品外观受到影响并使经济效益下降。下面从平网印花、圆网印花、滚筒印花三种设备，分别介绍生产加工过程中经常出现的疵点形态、产生原因以及防止措施。

一、平网印花常见疵病及防止措施

1. 对花不准　印制两套色及以上的花样，印花织物幅面上的全部或局部花纹中有一个或几个色泽花纹没有准确地印制到指定的位置上，与图案原样不符。

（1）产生原因。

①黑白稿制作不当。描绘黑白稿片时考虑不够周到，没有根据花型特点、各色之间的对花关系和印花织物的种类等区别对待。

②印花版上的定位器配合间隙过大。印花版上定位器松动时，刮板运行与版面产生的力使印花版发生偏移，花纹未印在应该印的位置。

③贴布浆或热塑性树脂的黏着力较差，使织物与橡胶导带产生相对滑移，导致织物与导带不能同步运行，出现片段式无规律的对花不准。

④一个花型中的每个印花版版面干湿程度相差较大，湿度大的版面较松涨或局部松弛严重，刮板运行时使版面的花纹向受力方向移动，织物上花纹的局部或全部发生不同程度的错位；或由于印花织物印上色浆后，被色浆中的水分润湿而产生收缩（大块面或满地花纹尤为明显），产生对花不准。

（2）防止措施。

①严格制作黑白稿。描黑白稿时，首先应领会花样精神，然后根据花型结构及特点，合

理采用借线、合线或分线，避免应做合线或借线的部位描成分线。

②严格执行正确的印花机操作和保养。橡胶导带使用一段时间后，应检查其松紧程度以及运行情况，并及时调整张力。

③贴布要平、要牢。橡胶导带表面的贴布浆必须分布均匀，厚薄一致及黏度适中，达到"黏、薄、匀"的要求，有利于对花的准确。橡胶导带表面的贴布浆和印花色浆要彻底水洗干净，保持清洁、平坦，有利于下一个使用循环时的对花。

④从对花角度考虑，筛网位置排列时，在不影响总体效果的情况下，大块面和满地花纹的筛网可考虑排放到中间或最后，对花关系比较密切的花纹网版排列在相邻的位置上，以减少印花织物的收缩，利于对花。

2. 渗化（糊花、溢浆、扩散、洇色）　织物上一种或几种颜色花纹的轮廓边缘向外扩展，在花纹边缘的全部或局部形成了与花纹颜色相同、色泽较淡的毛糙色边，两种不同颜色的花纹相接或邻近时还会出现第三色相。

（1）产生原因。

①色浆黏度没控制好。例如，涂料印花色浆中增稠剂含量不足或水量过多，印浆黏稠度达不到应有的要求。由于印浆的流动速度过快，使织物上的色浆向花纹边缘以外流动较多，形成花纹轮廓不清晰现象；配制印花色浆时搅拌不均匀或印浆直接加水稀释，影响或破坏了印浆在乳化状态时的稳定性。

②印花操作时，刮板运行的速度慢、压力大、带浆量多、往返次数频繁等，都会使花纹给浆量过多，因超过了织物载浆量，色浆就向花纹以外渗化。

③印花织物潮湿或导带上有水分。花纹面积大、织物得浆量多时，印花后的织物较长时间层叠放，使织物湿度增大，色浆会因纤维毛细管作用，使浆液延伸渗化至花纹以外部分，产生渗色；橡胶导带上有水分未刮干而导致水分渗透至织物上，造成渗色。

④在合成纤维织物或合成纤维与天然纤维的混纺或交织织物上印花时，因为合成纤维具有疏水性，印浆很容易向花纹外渗化；组织比较稀疏的薄织物，吸浆能力较小，对载浆量特别敏感，色浆量稍多就容易发生渗化。

⑤色浆中助剂的用量不当，引起色浆的抱水性降低，如防印色浆中的释酸剂、还原剂用量过多，也会导致色浆向花纹外渗化。

（2）防止措施。

①色浆的黏度要控制好。另外保证色浆稳定性，不可有脱水、变质等现象发生。

②合理控制印花设备工艺参数。刮印压力不要太大，否则会使网版胶层在强压力下长时间摩擦造成胶层磨损，导致色浆渗化。同时，印花中要注意使印花网版的升降、移动处于恒位，在刮印时能完全重复于原来的位置上，保证良好的重现性，确保花纹轮廓的清晰。

③印花前一定要将半制品干燥，保证印花色浆黏度适中。同时，保证导带上的水分要刮干。

④根据印花织物的性质，合理选择糊料，染料、防染剂和还原剂的用量要控制适当，必要时添加防渗化剂进行调节。

3. 搭开或拖色　即织物上呈现花纹或地色部分无规律地相互沾染的现象。

（1）产生原因。

①大面积花型织物烘干不充分，且在布箱内堆置时间过长，色浆吸收空气中的水分，造成有规律的花纹搭开。

②蒸化时湿度太大，布面相互接触；染料浓度过高、色牢度差或稀释剂过量。

③刮印后的织物在烘房内的穿布路线不当，或烘房内循环风压控制不当，使织物飘动，未干色浆沾污导辊或喷风口，从而引起颜色的转移，造成不规则的搭开或拖色。

（2）防止措施。

①根据花型面积来控制烘房温度和印花机车速，保证织物完全烘干。

②控制好蒸化箱内的湿度，箱内织物容量勿过多，尤其是采用圆筒蒸箱蒸化时；尽可能选用色牢度较高的染料品种，并掌握好染料的最高用量。

③烘房内织物穿行路线要正确，注意检查、清洁常出现疵点的装置部位（如导辊、风口、胶毯等）。

4. 花纹色泽深浅不匀　即织物上同一颜色的花纹色泽深浅不一致，花纹面积较大时呈现无规律的散片状或横向色档及有规律的纵向色档。

（1）产生原因。

①印花操作时，刮板运行的速度和压力不一致或带浆不匀，使花纹的给浆量有多有少，织物得浆量多的花纹色泽较深。

②运行着的刮板跳动或稍许抬起时，版面上花纹部位残留的色浆通过网孔渗透到织物上，造成色泽较深的横向色档。

③橡胶刮板刀口弯曲不平齐，刮印时压力和带浆量不均匀，使织物上的花纹呈现有规律的、深浅不一致的纵向色档。

④印花台局部低凹或印花版版面离开印台上织物较远，也会使花纹给浆不足而色泽浅淡。

（2）防止措施。

①严格执行各工序的技术要求，如速度、压力等，保证给浆量均匀。

②严格执行正确的印花机操作和保养维护，检查、校对时要全面、仔细，修补认真彻底。

5. 砂眼　印花织物上花型以外部位呈现有规律的色块、细小色点，它们在衣片上出现的位置相同，在布面上有规律地出现，其间距与印版运行间距相等。

（1）产生原因。

①制版时丝网不洁净、晒版机玻璃上有污物或大粒灰尘、曝光时间不足、感光胶涂布太薄等原因造成，刮板运行使版面磨损也会产生砂眼。

②印花版版面花纹以外部分的版膜碰伤或经修补后还有通孔的地方，封网不牢时版膜上

存有砂眼，刮印时色浆透过这些通孔渗透到织物上，呈现版伤印。

（2）防止措施。

①严格执行各工序的技术要求，检查、校对时要全面、仔细，修补认真彻底。

②印制过程中，严格操作，定期检查，发现问题及时处理。

二、圆网印花常见疵病及防止措施

1. 渗化　圆网印花的渗化疵病的表现与平网印花相同。

（1）产生原因。

①色浆黏度没控制好，色浆稳定性不好

②印花操作时，织物运行的速度慢、刮浆压力大、带浆量多等导致给浆量大。

③印花织物潮湿和导带上有水分。

④在合成纤维织物或合成纤维与天然纤维的混纺及交织织物上印花时，因为合成纤维具有疏水性，印浆很容易向花纹外渗化。组织比较稀疏的薄织物，吸浆能力较小，对载浆量特别敏感，色浆量稍多就容易发生渗化。

（2）防止措施。

①控制色浆黏度在合理范围内。

②合理控制印花设备工艺参数，包括速度，压力，速度等。

③印花前一定要将半制品干燥，保证印花色浆黏度适中。保证导带上的水分刮干。

④根据印花织物的性质，合理选择糊料，染料、防染剂和还原剂的用量要控制适当，必要时添加防渗化剂进行调节。

2. 露地　在圆网印花中，织物上部分或全部花纹未能获得充足的色浆而颜色较浅或浅淡不清晰，露出了织物的地色或细花纹发生断缺的现象。

（1）产生原因。

①织物印花时运行速度快，刮印压力小、织物带浆量不足、刀口太尖等都容易使花纹得浆不足。

②圆网网孔不清晰、网孔太小或网孔堵塞，使色浆过网率降低，织物上花纹得浆不足。

③织物半制品前处理时，毛细管效应较差，丝光不足，影响织物的渗透性，易产生色泽不匀或色浅。纱线较粗或组织稀疏的厚织物，由于织物表面凹凸不平，凹下的部分就容易得浆不足。或织物的严重皱折在印台上没完全展开。

④印台局部低洼或印台凹凸不平，使织物上的花纹得浆不足。

（2）防止措施。

①印制厚重织物、大块面花型时，选用 50mm×0.15mm 的刮刀，调节压力和角度，以提高给色量，减轻露地。

②合理选用圆网。满地大花用 40~80 目，中型面积的花纹用 60~80 目，小面积花纹用

80～100目，精细花纹用125～150目。同时调节刮刀的压力和角度，可以改善露地现象。

③加强织物前处理的质量控制，根据纤维制品调整工艺。合理选用糊料，宜选用黏度低、流变性能好的原糊，如选用低黏度的海藻酸钠、高醚化度的植物胶类糊料或将海藻酸钠与乳化糊拼混使用。

④严格执行正确的印花机操作和保养维护。

3. 传色　即在印花生产过程中，由于某些原因圆网内的印花色浆传入或渗入不应有的其他色泽的印花色浆或其他影响印花色浆色泽的杂质，致使所印花纹的色泽与原样色泽不符或有明显色差的现象。

（1）产生原因。

①两种不同颜色的花纹相接时，先印的花版花纹面积较大并给浆较多，使色浆渗化或堆置在织物上，后印的印花版挤压时，使这些先印在织物上的色浆透过该版花纹网孔进入版内，造成后印印花版内色浆变色。

②工艺设计不合理，多套花版相互叠印时，排版顺序不合理。如先印深暗色花纹，后叠印鲜艳明亮的花纹。

③印花刮刀、给浆泵在印制了深色色浆后，未清洗干净就用于浅色色浆的印花，引起全面或局部传色。

④印花过程中产生严重"边污"，贴布不正或门幅控制不合理，导致偏向导带一侧，印在导带上的色浆易转移到后一只圆网的表面，产生传色。

（2）防止措施。

①合理设计印花工艺及圆网排列，对于传色严重的花纹，可按先浅后深的原则排列圆网，另注意合理控制印花色浆的黏度。

②合理选用刮刀，一般排列在前的深色花纹的圆网宜采用硬性刮刀（高度小、厚度大），以利于在刮印时增加压力，提高色浆的渗透力，减少残留在织物上的余浆量。印浅色花纹时，宜选用软性刮刀（高度大、厚度小），以便减轻刮刀压力，使深浓色余浆不会传到浅色圆网网孔内。

③加强印花半制品的处理和准备，在圆网印花生产中，印花色浆的黏度不宜过低，宜将色浆适当调稠，增加黏度；但色浆黏度也不宜过大，过稠的色浆不利于渗透，堆积在织物表面容易产生传色问题。

④要合理掌握待印半制品的上印门幅，将织物半制品拉幅至略大于圆网的印花宽度，一般织物的两边各保留1cm余量。

4. 塞网（嵌网、堵网）　由于圆网印花的网孔内嵌有纤维绒毛、印花色浆中的不溶性颗粒或其他杂质而堵塞花纹网孔，阻碍印花色浆向织物渗透，使花纹局部少浆或无浆。

（1）产生原因。

①印花半制品质量欠佳，织物烧毛不净，表面存在较多的纤维绒毛，印花过程中被圆网

表面的色浆黏附而嵌入花纹网孔；或印花半制品上有杂质，运行中嵌入花纹网孔等，都会阻碍圆网花纹处色浆的正常渗出。

②色浆调制操作不当。在调制色浆过程中，由于操作不慎混入杂质，染料溶解不完全；或原糊烧煮不透，没有完全膨化等原因而堵塞花纹网孔，影响色浆渗出。

③黏合剂质量不稳定，采用涂料工艺生产时，所用黏合剂质量不好，结膜过快。圆网内色浆印制到织物上的瞬间，刮刀与色浆剧烈摩擦产生高热，黏合剂结膜，堵塞花纹网孔。

（2）防止措施。

①提高半制品的质量。提高布面光洁度，在进布处装一毛刷，将布面上的杂质及绒毛刷去。

②严格执行调浆操作。配制色浆时，染料溶解要充分，糊料质量要符合标准，外观要透明、细腻，既要有黏度和稠度，又要有良好的流变性。

③合理选用黏合剂。生产中可选用与黏合剂配伍性较好的合成增稠剂取代常用的 A 邦浆。因前者为水基，而后者为高比例石油溶剂的乳液，沸点低，会因刮刀与色浆摩擦产生的高热而挥发，破坏乳相（俗称破乳），从而易造成黏合剂结膜堵塞网孔。

5. 圆网折痕印　由于操作不慎将圆网碰伤或折痕而引起的刮印不匀，在织物表面就会出现有规则的、间距为圆网的周长、形态相同的横线状或块状的深浅色泽。

（1）产生原因。

①圆网网坯有折痕。圆网网坯在运输过程中产生局部折痕，经圆网制版时的一系列加工，如复圆、上胶和焙烘等，折痕仍未能去除。圆网的折痕若为条状，则印花织物上出现条线状深浅不匀的折痕印；若为块状，则出现与圆网上形状相同、深浅不匀的块状印。

②圆网受损。圆网制版后，因操作不慎产生凸起或凹陷；印花机装卸圆网时，未用网托或托盘，而是手工作业，易引起局部直条状折印。

（2）防止措施。

①修复圆网网坯，对于圆网网坯上的折印，可将圆网套在修理架上，用工具将圆网凸起处轻轻敲平；若是块状凹陷痕，则需用专用工具进行修理。

②正确装卸圆网及刮刀，印花机运转前必须先将圆网拉紧，使圆网具有足够的张力和弹性，防止其在运转中由于印花刮刀的压力产生单面传动扭曲而造成皱痕。装卸刮刀时，给浆管头应略翘起，以免擦伤圆网。

三、滚筒印花常见疵病及防止措施

1. 对花不准（错花）　滚筒印花的对花不准（错花）疵病的表现与平网印花相同，但产生原因和防止措施略有不同。

（1）产生原因。

①花筒雕刻方面。花筒圆周有误差，花纹深浅不一致。

②印花设备方面。压力不一致。

③衬布方面。衬布所受张力不一致，导致伸缩变化，引起对花不准。

（2）防止措施。

①制订合理的雕刻工艺，对花要求高的花型，采用借线或小分线。多套色花型中采用大小合适的花筒，每只花筒圆周长度要精确无误，花纹深浅应一致。

②正确调节花筒压力，尤其是多套色印花时，调节花筒压力应均匀一致。

③调节衬布张力，使衬布在进入各只花筒时不会产生伸缩变化而引起对花不准。

④机械零配件要经常清洗维修保养。

2. 刮伤印和刀线印 印花织物上呈现平行于布边、不变动的印痕，即刮伤印；印花织物上呈现波浪形的线条的现象，即刀线印。

（1）产生原因。

①刮伤印是由于色浆中硬的杂质把花筒表面刮伤所致。

②刀线印是由于色浆中硬的杂质在刮刀的往复运动下产生的。

（2）防止措施。

①花筒表面要磨光，做到"三光"，即上蜡前铜环光、镀铬前花筒表面和花纹要光以及镀铬后铬层要光。

②在调制色浆时，将染化料及化学助剂充分研磨，保证充分溶解，原糊要充分膨化，使制得的色浆中不能有杂质存在，以免损伤刀口。

③合理选择刮刀。根据花型、花筒雕刻情况和色浆性质，合理选用不同厚薄和不同钢质的刀片。保持印花设备的清洁，保证半成品洁净，防止织物的经纬纱间有坚硬尘粒杂质嵌入。

3. 拖浆 即在花布上呈现两条深的连续条子的现象。

（1）产生原因。刮刀刀口下面有外来杂物，如织物上掉下来的线头、色浆中的干浆粒子等。

（2）防止措施。清洗刮刀和花筒或再一次滤浆。

4. 传色 印到织物上的色浆经后一套色花筒的挤压，沾在花筒表面，再传到浆盘中，使色浆沾污变色的现象。传色是印花生产中比较容易产生的疵病之一。

（1）产生原因。

①花筒排列不合理，不同类色的颜色排列得较近，导致传色。

②由于某些化学助剂的存在导致色浆不稳定。

（2）防止措施。

①改变花筒排列的次序，应使同类色或色泽较近的颜色排列得靠近一些。

②在变色的色浆内加入适量对传过来的色浆能起抵消或破坏作用的化学药剂，使色浆得到保护，不受传色危害。

☞ 复习指导

1. 纺织品印花质量检测的主要指标及要求。

2. 从平网印花、圆网印花、滚筒印花三种设备方面，分别理解生产加工过程中经常出现的疵病及其产生的原因，并了解各种疵病的防止措施。

☞ 思考与训练

1. 印花生产过程中影响质量的因素有哪些？

2. 纺织品印花产品质量包括哪些方面？

3. 印花产品色牢度，强力、手感等指标的检测方法有哪些？

4. 不同的印花设备会产生不同的印花疵病，请举例描述疵病形态？

5. 针对不同印花疵病，请描述产生原因有哪些。

6. 举例说明各类印花疵病防止措施。

参考文献

［1］王宏．染整技术：第三册［M］．北京：中国纺织出版社，2009．

［2］胡平藩．印花［M］．北京：中国纺织出版社，2009．

［3］李晓春．纺织品印花［M］．北京：中国纺织出版社，2006．

［4］吴永恒．染整实验［M］．北京：中国纺织出版社，2002．

［5］秦国胜，赵树梅，梁朝民，等．一种数码印花活性染料喷墨墨水：中国，201110006021.0
［P］．2011 － 06 － 29．

［6］房宽峻，数字喷墨印花技术［M］．北京：中国纺织出版社，2008：202．

［7］蒋小明，蒋付良，吴建荣．纺织品数码喷墨印花加工关键技术探讨［J］．现代纺织技
术，2014（1）．

［8］曾林泉．纺织品印花320问［M］．北京：中国纺织出版社，2011．

［9］王菊生．染整工艺原理：第三册［M］．北京：中国纺织出版社，1997．

［10］金咸穰．染整工艺实验［M］．北京：纺织工业出版社，1987．

［11］沈志平．染整技术：第二册［M］．北京：中国纺织出版社，2006．

附录一　知识拓展

知识拓展1　纺织品数码印花

一、纺织品数码印花发展概述

数码印花（Digital printing）是在喷墨打印技术的基础上发展起来的，因此，最初被称为喷墨印花（Jet printing）。20世纪80~90年代，随着计算机技术的迅猛发展，办公自动化系统越来越普及，很快这种用于纸张的喷墨打印技术跨越印刷行业被应用到了纺织品的印花领域，为纺织品的印花技术开启了新的篇章。

最初，纺织品上的喷墨印花的精度不高，只有9~18dpi（dots per inch，指每英寸的像素，即打印精度），主要用于地毯等印花精度要求不高的织物，世界上第一台喷墨印花机就是主要用于地毯的印花。它是在1987年的国际纺织机械展览会（TIMA）上被展出的，这就是第一代的喷墨印花机。随后，荷兰的斯托克（Stork）公司在1991年的汉诺威ITMA上展出了用于织物印花的数字喷墨印花机。1995年的米兰ITMA上，该公司又展出了使用活性染料墨水、分辨率为360~720dpi、生产能力为4.6m²/h的宽幅数码喷墨印花机，在欧洲得到了广泛的应用，这是第二代数码喷墨印花机。

数码印花技术发展至今，喷墨印花机的生产厂商数量迅速增加，产品的性能也不断提高，喷墨用的墨水品种和质量都在不断地完善，数码印花产业的规模不断扩大，展示出良好的发展前景。目前，生产喷墨印花设备的公司，国外的有荷兰的斯托克（Stork），意大利雷佳尼（Reggiani）、MS公司，美国杜邦（Dupont），奥地利Zimmer，日本的佳能（Canon）、施乐（Xerox）、御牧（Mimaki）、柯尼卡-美能达（Konica-Minolta）、东伸（Ichinose），韩国的d. gen公司等，国内有浙江宏华数码科技股份有限公司、杭州开源、赛顺数码科技有限公司等。色墨的生产商如德国的巴斯夫（BASF）、德司达（Dystar），美国的亨斯曼（Hutsman）、杜邦（Dupont），意大利的J-Teck 3等公司都陆续推出了性能不断完善的色谱齐全的染料、颜料墨水，如德司达公司近期就推出了Jettex 4.0高性能数码印花墨水，宣称这种在其Indanthren还原染料基础上开发的新型墨水具有高耐光牢度、高耐水洗牢度及良好的耐摩擦牢度，打印后的织物具有良好的手感和悬垂性。

目前，我国的数码印花行业正在蓬勃发展，浙江宏华数码科技股份有限公司作为我国数码印花设备的先驱，被指定为"国家数码喷印工程技术研究中心"，该公司的VEGA7000K高速工业级数码印花机可以 24h 稳定生产，最高精度高达 2400dpi，车速 260～1030m²/h。在浙江宏华数码科技股份有限公司的带动下，近几年已出现了多家数码印花设备企业及墨水生产企业，把我国的数码印花产业推向了一个高潮。随着喷墨印花设备及墨水、转印纸等耗材的生产厂家队伍的不断扩大，数码印花加工成本也逐渐降低。比如墨水最初主要是进口，每公斤价格有过上千元的历史，而现在国产墨水每公斤的价格最低有卖到不足百元。越来越多的人把目光移向了数码印花产业，数码印花加工公司瞬间遍布全国。受纺织产业的影响，目前，我国数码产业主要集中在广东、浙江（绍兴柯桥）、江苏（南通）等地。由于起步门槛低，成为个体和小企业投资的热门，再加上产业相对集中，价格竞争激烈，使加工价格从几十元一米跌到目前的十元左右。相信随着技术的不断进步，数码印花一定会在印花领域中撑起一片天地。

目前，数码印花技术广泛应用在服装、个性家纺、窗帘、抱枕、箱包、雨伞等产品加工中。附图 1 展示了部分数码印花的终端产品。

附图 1　部分数码印花的最终产品

二、数码印花的特点及分类

纺织品的数码印花是指应用各种数字化手段进行印花的非传统方式印花，是对喷墨印花技术的统称。

1. 数码印花的特点　纺织品数码印花最初由于其不需制版、出样快被应用在织物打小样上，随着印花成本的降低，越来越多的客户尤其是一些服装生产商，开始选择数码印花的方式加工订单。因为时装版式变换快，花型绚丽，色彩丰富，每季款式多，但每款加工量少，而数码印花正好迎合了这样的小批量生产。以下我们就数码印花的特点和传统印花进行对比来介绍。

（1）数码印花的优点。

①生产周期短。传统印花的一般生产流程为：

$$来样 \longrightarrow 审稿 \longrightarrow \begin{cases} 分色 \longrightarrow 制网 \\ 调色浆 \longrightarrow 打小样 \end{cases} \longrightarrow 印花 \longrightarrow 汽蒸 \longrightarrow 水洗 \longrightarrow 烘干$$

数码印花以活性染料墨水直喷数码印花的生产流程为例，一般为：

$$来样 \longrightarrow 扫描 \longrightarrow 小样 \longrightarrow 大货上浆 \longrightarrow 印花 \longrightarrow 汽蒸 \longrightarrow 水洗 \longrightarrow 烘干$$

不难看出，数码印花和传统印花的后处理相似。但前期准备上，数码印花摆脱了传统印花在生产过程中的分色描稿、制片、制网的过程，从而大大缩短了生产时间。数码印花可以通过光盘、E－mail 等各种先进手段接受花样，生产过程全部实现计算机化的数字生产，从而使生产灵活性大大提高，一些产品甚至可以实现当日交货，立等可取，这是传统印花做不到的。另外，由于工艺的简化，使打样成本也大大降低。打样周期的缩短及打样成本的降低，无疑给企业带来了更多的市场机遇。就印制速度而言，现在的一些高速数码印花机的印制速度能够赶超圆网印花机。

②无花型尺寸和颜色套数限制。由于数码印花技术可以采用数字图案，经过计算机进行测色、配色、喷印，从而使数码印花产品的颜色可以理论上达到 1670 万种，突破了传统纺织印染花样的套色限制，特别是在对颜色渐变、云纹等高精度图案的印制上，数码印花在技术上更是具有无可比拟的优势。另外，数码印花不必考虑花回，因此，花型设计师可以充分发挥设计思路，能够创造出更加优美的图案，提升产品的档次。而传统印花要受到花回的限制，比如圆网印花的花回一般为 640～1206mm，目前有圆网印花机最大可达到 2412mm，颜色套数 8～24 套色。

③数码印花花型精度高，是传统印花无法比拟的，最高可以达 2400dpi。而传统印花的精度一般在 250～300dpi。

④数码印花不需要调制色浆，通过计算机控制，将染料由喷头按需直接喷涂在纸或织物上，整个喷印过程没有染料浪费，实现了绿色生产，从而使纺织印花的生产摆脱了过去的高能耗、高污染，实现了低能耗、低污染的生产过程，给纺织印染的生产带来了一次技术革命。数码印花不需要制网，不需要专门储存圆网、平网及画稿的空间，减少了人力、物力。而传统印花为了防止花型翻单，都会将印过的圆网或平网储存起来。

⑤数码印花的印制疵病较传统印花少。如数码印花不存在接版、套色时易引起的印花

疵病。

另外，从节约能源和环保上看，数码印花较传统印花污染小、用水量少。如涤纶织物热转移印花整个过程不需要用水。

（2）数码印花的缺点。数码印花这么多优势，为什么没有取代传统印花呢？因为目前的数码印花并不是完美到无可挑剔，它也有一些缺陷。比如大批量生产的成本还是不及传统印花，目前还是以小批量生产为主。另外，数码印花是通过色彩管理软件来进行颜色矫正，而这种在屏幕上调出来的颜色跟染料实际在织物上呈现出来的颜色会有差异。喷墨印花的色牢度以及深黑色的印制问题还有待进一步的提高、改善。

2. 数码印花的分类　就目前数码印花的发展状况，分析角度不同，纺织品数码印花的分类也有不同。可以从印制方法、墨水种类、被印织物的种类进行分类。

（1）按照印制的方法分类。

①数码直喷印花。就是直接在已上浆的半成品上进行喷印的方式。目前适用此方式的墨水有活性染料、酸性染料、涂料（颜料）墨水。其加工的过程一般是：首先，利用扫描、数码摄影等手段将图像输入计算机或直接应用计算机制作图案，然后，用计算机分色系统处理图像，再由专用的 RIP（Rester Image Processor）软件控制喷射系统，将适合被印织物的染料从数码印花机中直接喷印到预先上浆的织物上，形成花纹图案，最后，再进行烘干、蒸化、水洗、烘干、加柔定形等工艺。若是涂料墨水，则只要烘干、烘培即可。附图 2 为浙江宏华数码打印机在打印真丝面料。

附图 2　浙江宏华数码打印机在打印真丝面料

②转移印花。转移印花根据转印过程中是否需要热源，又分为热转移印花、冷转移印花。最开始发展的是相对成熟的热转移印花。热转移印花是将染料墨水打印到一种特殊的白纸

（转移纸）上，然后将纸（有花型的一面）和面料（经过前处理的半成品）贴合，利用热、压力的作用，使转印纸上的染料转移到织物上的印花方式。因为使用的染料墨水是分散染料，所以此方式主要适用于全涤或含涤较高的纺织品上。附图 3 是在将花型打印在转移纸上，附图 4 是用热转移机将转印纸上的图案转印到半成品化纤面料上。

附图 3　爱普生数码印花机在打印热转移纸

附图 4　热转移印花转印生产中

冷转移印花和热转移印花都需要将图案先打印到转印纸上，但冷转移印花不像热转移印花需要在转印的时候加热，冷转移印花在室温下就可完成图案转印，故得名冷转移印花。它最早是一项专门为全棉织物转移印花而开发的技术。

冷转移印花是先把染料打印到经过清漆树脂涂层的纸上，然后经冷转机把图案转印到纺织品上，再通过冷堆或汽蒸完成固色。

（2）按染料种类分类。

①活性染料数码印花。活性染料也称反应型染料，因其结构中含有能够与纤维形成共价键结合的活性基团而得名，主要应用在纯棉、全麻、丝绸、羊毛、再生纤维素纤维等织物上，或含有较高以上组分的面料上。因为活性染料墨水中不含有碱剂（否则活性染料不稳定），所以在打印花型前，需要对织物进行上浆（主要成分有碱剂、海藻酸钠、尿素等）处理，然后通过蒸化，使得活性染料在碱性条件下与纤维发生反应，完成固色。其工艺流程为：

织物──→上浆──→烘干──→数码打印──→烘干──→汽蒸──→水洗──→后处理

②酸性染料数码印花。酸性染料墨水中的酸性染料是一类带有酸性基团的水溶性染料，它和纤维之间主要靠范德瓦耳斯力结合。主要用于羊毛、蚕丝、尼龙等染色。其工艺流程为：

织物──→上浆──→烘干──→数码打印──→烘干──→汽蒸──→水洗──→后处理

上浆液主要有酸剂、增稠剂、尿素等。

③分散染料转移印花。分散染料是一类相对分子质量较小的疏水性染料。鉴于其易升华的特性，分散染料主要用于热转移印花，可用于涤纶、锦纶、腈纶、醋酯纤维等合成纤维织物。不过，墨水中的分散染料需要研磨成细小的颗粒。如果颗粒大，不仅溶解效果差，也容易堵塞喷嘴，但颗粒太小又容易发生聚集，形成大颗粒，也不适合用于喷墨印花。所以墨水中除了分散染料外还需加入有机助溶剂、分散剂等才能使分散染料稳定的在墨水中存在。其工艺流程一般为：

打印转印纸──→纸和织物贴合热压烫

④颜料（涂料）数码印花。染料和颜料的主要区别在于染料和纤维之间有亲和力，而颜料没有，因此，颜料无论染色或印花都需要加入黏合剂。颜料数码印花优点在于它适用于各种纤维织物，尤其在多组分面料印花中有着明显的优势，此外，其喷墨印花流程简单，织物一般不需要预处理，可直接打印花型，随后烘干、焙烘固色即可，可以不经水洗。印后的织物一般有较高的耐光牢度、耐水洗牢度。但缺点是成本高，另外，黏合剂的存在使织物的手感不如染料印花。

（3）按面料成分分类。

①以棉织物为主的数码印花。这类数码印花主要选用活性染料墨水。除了棉织物外，还可印制真丝和麻等织物。

②化纤织物的数码印花。目前，这类织物主要以分散染料热转移印花为主。也可采用分散染料直喷数码印花。

③混纺织物的数码印花，这类面料不能用活性、酸性或分散墨水单一进行数码印花，可以采用涂料数码印花。

三、喷墨印花的原理与设备

1. 数码喷墨印花工作原理

数码喷墨印花是一项数字化图像的喷射技术，由数字技术控制喷嘴的工作与停止、喷何种颜色的墨水，以及在 XY 方向的移动，来完成花型图案过程。因此，喷墨印花设备一般由分色系统、控制系统和喷射系统三部分组成。其中分色系统主要是应用一些色彩管理软件对要打印的图案进行色彩的编辑，使打印出的效果更接近客户原样的色泽。色彩管理软件的供应商主要有 Sophis、Aleph、Stork、Ergosoft、High、Tex、Lectra、Studio FX 等。控制系统主要是针对喷墨印花机打印、烘干等的具体操作。喷射系统是将墨水精确喷射到基材的装置。

数码喷墨印花机的工作原理是对墨水施加外力，使其通过喷嘴喷射到基材上，形成一个个色点。要在基材上形成色彩丰富、分辨率高的图案，像素点就必须越小越好，也就是说喷射系统的最小像素尺寸要尽量小。由此可见，喷射系统是喷墨印花设备的关键装置，它决定了喷墨印花的精度和效率。因此，作为喷墨印花的喷嘴应该能够喷出足够小的液滴，喷射速度应该高且稳定，要易操控，不容易堵塞。

2. 数码喷墨印花的喷射技术　目前，应用在纺织品喷墨印花的墨水喷射技术主要有两种：CIJ 方式（continuous ink jet 的简称，即连续喷射方式）和 DOD 方式（drop on demand 的简称，即按需喷墨式）。

（1）CIJ 方式。CIJ 连续喷射方式是通过对墨水施加高压，让其强制从喷嘴中喷出形成墨滴，墨滴依次通过在喷嘴附近的电极、高压电极板（偏移板）而喷射到基材上。连续喷墨主要有多位偏移法（也叫屏面扫描法，Raster－Scan）和二位喷射法（Binary Jet）两种方式。多位偏移是墨滴经过喷嘴附近的与图形光电转换信号同步变化的电场，有选择性地带上电荷，在经过一个高压电场时，带电的墨滴的喷射轨迹会在电场的作用下发生偏转，打到织物表面，形成图案，未带电的墨滴就被捕集器收集起来以重复利用，如附图 5 所示。二位喷射法是液滴经过静电场后，未带电的墨滴直接喷射到基材上形成图案，带点的墨滴在偏移板的作用下发生偏移被收集到捕集器中循环使用，如附图 6 所示。

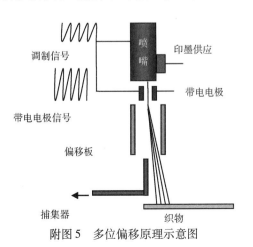

附图 5　多位偏移原理示意图

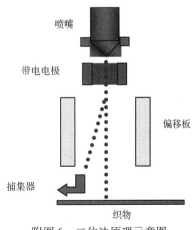

附图 6　二位法原理示意图

（2）DOD 方式。DOD 按需喷墨方式即只有在需要的时候才喷射墨滴到基材上。它通过对墨水突然施加机械、静电、热振动等作用使墨水形成墨滴，墨滴本身不带电荷。和连续式喷墨不同的是，按需喷墨只能达到每一像素最多一滴液滴。目前有热振动式、压电式、电磁阀式和静电式四大类型，主要是热振动式和压电式。

①热振动式。热振动式按需喷墨最有代表性的就是气泡喷射。它的工作原理是：在靠近喷嘴处有一个微型加热原件，当施加电脉冲时，加热原件在极短时间（约 5μs）内升温至 400℃，致使与其接触的墨水迅速汽化膨胀，由于体积的增大导致靠近喷嘴的墨水被挤出喷嘴，这时撤除电脉冲，加热元件迅速降温，刚刚形成的气泡急速缩小，使被挤出的墨水与喷嘴脱离，形成极其微细的墨滴高速（10~15m/s）向前飞行。随着电脉冲的施加与撤除（此频率可达每秒数千次），墨滴被不断地从喷嘴中喷出。具体过程可参见附图 7。气泡喷射喷墨印花机的缺点是：高温易使墨水中的某些成分分解，破坏墨水的稳定性和颜色鲜艳度，并容易堵塞喷嘴。但值得庆幸的是这种喷墨印花机的喷头造价也低。

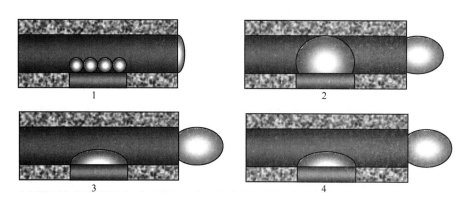

附图 7　热振动式喷射系统工作原理图

②压电式。压电式按需喷墨是利用压电传感器对墨水施加冲击。压电传感器会随电压的变化而发生体积的收缩和膨胀。当传感器收缩时会对喷嘴内的墨水施加一个直接的高压，使其从喷嘴高速喷出。电压消失后，压电材料恢复到原来的正常尺寸，印墨室依靠毛细作用被色墨充满，见附图 8。

与热振动式按需喷墨对比，压电式喷嘴每秒钟喷出的墨滴数稍多（压电式喷嘴大约每秒钟能喷出 14000 个左右的墨滴），墨水体积稍小，喷头的分辨率高达 1440dpi，寿命是热振动式的 100 倍。

总体而言，DOD 方式的色墨控制和液滴控制系统较 CIJ 方式简单，容易制造，价格相对就较低。但 CIJ 方式印制速度较高，液滴生成频率可达 100MHz，并且色墨推动速度高，印制距离较大，色墨适应性也广。不管何种喷嘴，喷出的色墨滴越小，组成图像的像素就越小，图像精度就越高。喷嘴喷射的速度越高并且稳定，数码印花机工作效率就越高，当然喷嘴要容易控制，不堵塞，也是很重要的指标。喷头堵塞最常见的原因是墨水残留在喷头，干燥后

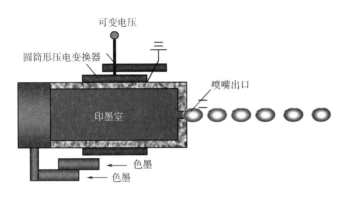

附图 8　压电式喷射系统原理图

堵住喷孔。一般来说，喷墨印花机的工作温度应控制在 22~25℃，相对湿度不低于 40%。

目前，喷墨印花机的喷头主要来自日本、美国、英国等。如日本有爱普生喷头（EPSON）、精工喷头（SPT）、京瓷（KYOCERA）、理光（RICOH）等，美国有北极星喷头（Spectra）、泰鼎（TRIDENT）等，英国有赛尔（XAAR）等。

3. 数码印花设备　生产数码印花设备的公司在概述中已经有所介绍，这里选取三种数码印花机介绍其特点。

（1）意大利 MS 公司的 MS LaRio 数码印花机，如附图 9 所示。

附图 9　MS Lario 数码印花机

此机于 2010 年面世，是全球首台单 Pass 超高速数码印花机。其技术特点如下：

喷头：支持 4PL−72PL 墨滴 16 级可变，可以打印非常精细的花型；

幅面：涵盖 1.8~3.2m，可适应服装印花、家纺印花；

墨水：采用了开放的墨水系统；

印花速度：可达 75m/min；

印花精度：可达 600dpi×600dpi。

（2）施托克 PIKE 高速数码印花机，如附图 10 所示。

附图 10　PIKE 高速数码印花机

该印花机最多可配备 9 组印花模块，印花模块采用推拉式设计，便于喷头的清洁维护。其技术特点如下：

喷墨印花系统：采用 Archer 技术，允许喷头在离织物更远的距离进行精准喷墨；

幅面：第一代 PIKE 处理幅宽为 1.85m，能够处理厚重织物及凹凸织物，同时大大降低喷头损伤的可能性；

墨水：专门开发的 PIKE 墨水，目前共有 6 种颜色，能够明显消除印花图案的雾面感；

印花速度：典型印花速度 40m/min，最高可达 75m/min；

印花精度：1200dpi×1200dpi。

（3）柯尼卡美能达 Nassenger SP－1 数码印花机，如附图 11 所示。

附图 11　Nassenger SP－1 数码印花机

该印花机采用单 Pass 方式印花，最多可配置 8 个印花模块，在实现超高速度的同时，利用高性能的喷墨控制系统，实现了很高的图像再现性能。其技术特点如下：

①开发出了可喷射小液滴的全新喷头，加上独特的喷射控制技术，可分别进行小、中、大三种液滴（6、18、32pL）的印花，实现更精细的印花效果和更自然的色调变化。

②利用独特的图像处理技术，可及时有效处理条纹、斑点等比较明显的情况，使之变得不再明显，从而减少不良印花的发生。

③将喷头模块化（两个喷头合为1套），同时采用了液滴喷射位置自动调整功能，大幅缩短了更换喷头时的调节时间。

④通过图像处理技术和喷头模块，某个喷头损伤时，相邻的喷头能够予以替补，避免产生印花瑕疵。

完成面料的直喷印花加工除了需要喷墨印花机外，目前还需要上浆机、蒸化机、水洗机等设备，如附图12～附图14所示。

附图12　上浆机

附图13　蒸化机

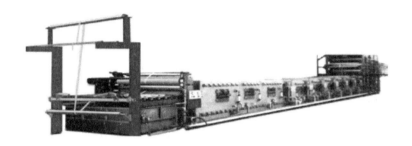

附图14　平幅水洗机

四、喷墨印花的色墨

纺织品数码喷墨印花墨水是决定数码印花产品质量的关键因素之一。按照色素的使用，喷墨印花墨水可以分为颜料（涂料）墨水和染料墨水。理论上，所有的纺织品染色和印花用染料都可以配制喷墨印花墨水，目前所使用的染料主要为活性染料、酸性染料、金属络合染料和分散染料。按照溶剂或分散介质不同，喷墨印花墨水又可以分为水性墨水（以水为介质）和溶剂型墨水（以有机溶剂为介质），通常水性墨水简称为墨水，溶剂型墨水简称为油墨。

1. 墨水中各种助剂及其作用　不论是何种类型的墨水，基本都由着色剂、分散介质（水、有机溶剂）、防菌剂、pH调节剂、保湿剂等组成，颜料墨水还要有分散剂及黏合剂等。每种助剂的基本作用如下：

（1）着色剂。墨水的主要成分。一般为染料或颜料，也有将染料和颜料混合作为着色剂的。

（2）pH调节剂。一般墨水的pH需控制在8左右。加入pH调节剂，一方面是为了防止染料水解，保证染液稳定性；另一方面是为了使墨水呈近中性，防止对喷墨印花机喷头及墨路系统的腐蚀。

（3）防菌剂。防止墨水在储存的过程中发生霉变，造成墨水失效，另外，产生的霉菌也容易堵塞喷墨印花机中的墨道。

（4）表面活性剂。一般选用甘醇类或萘磺酸类物质。主要的作用是控制墨水的表面张力，使之适应数码喷墨印花机的要求；起助溶作用，提高染料溶液的稳定性。

（5）保湿剂。保湿剂的加入一方面是为了防止喷头口墨水干竭过快而发生阻塞，造成喷墨障碍；另一方面可调节墨水在织物上的扩散与渗透。

（6）分散剂。主要用于水溶性差的染料或涂料的分散。常用的分散剂有聚苯乙烯—马来酸酐、聚丙烯酸（酯）等。

（7）树脂。主要用于颜料墨水，因为颜料对纺织纤维没有亲和力，必须借助树脂黏合剂的作用才能对纺织品进行着色。常用的树脂黏合剂有聚丙烯酸酯、水性聚氨酯、UV固化黏合剂等。

2. 活性染料墨水和分散染料墨水的组成举例

（1）活性染料墨水的主要组成（质量百分浓度）。

活性染料	1.0% ~ 2.0%
黏度调节剂	10% ~ 40%
表面张力调节剂	0.2% ~ 2%
pH 调节剂	0.1% ~ 3.0%
杀菌剂	0.3% ~ 1.5%
加水至	100%

（2）分散染料墨水的主要组成（质量百分浓度）。

超细分散染料分散液	35%
硫二甘醇	19%
二甘醇	11%
异丙醇	5%
表面活性剂	x
杀菌剂	y
加水至	100%

3. 选择各组分助剂时需考虑的因素　在研发喷墨印花的墨水时，每个组分选择助剂的时候，也必须考虑喷墨印花墨水应具备的基本条件。

（1）较低的表面张力。喷墨印花墨水的表面张力会影响液滴的形成以及对织物的润湿渗透性能，墨水的表面张力必须要低于纤维的表面张力。在同一条件下，表面张力越大，液滴的半径越大，也就是说液滴越大，对图形的精度就会造成影响。而且如果表面张力大于织物表面张力，就不能润湿渗透织物，因此，一般要求墨水的表面张力为 30 ~ 50mN/m。

（2）适当的黏度。黏度是除表面张力以外另一个影响墨滴形成的重要物理参数。黏度高，会使墨水在从喷嘴喷出的时候难与喷嘴分离，形成拉丝状，而且会因墨水流动困难而堵塞喷头，造成断墨。黏度太小，墨水微滴不易控制，容易出现洇墨。喷墨印花墨水一般选用假塑性的合成增稠剂，因为这种增稠剂含杂质少，有较好的流动性，当墨水在喷出之前受到剪切力后会变稀，但到达基材表面后又恢复至其黏度，这样可以有效防止花型渗化，保证较高的轮廓清晰度。另外，黏度受温度的影响非常大，当温度降低时黏度升高，反之，黏度则会降低。所以要尽可能保持喷墨车间的温度在 15 ~ 25℃。喷墨印花墨水的黏度一般为 10 ~ 30mPa·s。

（3）给色性能好，图案质量高，有良好的耐湿处理牢度和耐光牢度。

（4）无毒、安全、不易燃，可长期储存。

与传统粉状染料相比，数码喷墨印花色墨价格偏高，而且由于很多数码印花设备生产厂商不对外开放其色墨指标、不接受兼容性色墨，导致各色墨生产厂家的产品相互通用性差，在一定程度上影响了数码喷墨印花的推广。目前，国内的数码喷墨印花的色墨逐渐从国外进口慢慢转向国内生产供应，尤其是近两三年，国内数码行业飞速发展，墨水的生产厂家也不断增多。

开发高性能、高色牢度、稳定性佳且价格低廉的环保型喷墨印花墨水仍然是纺织品喷墨印花发展的首要问题。

五、数码喷墨印花工艺

1. 分散染料热转移印花工艺 转移印花正式商业化生产是源于 1975 年法国 Sublic – tatic corps 公司的成立。

最适合热转移印花的织物是涤纶织物，但在起初，由于涤纶的价格昂贵，转移印花主要用在醋酸纤维或锦纶等纺织物上，直至涤纶价格下跌，由于其花型清晰、生产周期短等特点使热转移印花越来越热门。

热转移印花的原理是：使打印在转印纸上的分散染料在高温下升华成气态，吸附到涤纶表面，扩散到其非晶区固色。因此，油墨中的染料需要有良好的升华性能及扩散性能，当然也需要具有良好的染色牢度。油墨染料的相对分子质量一般在 230 ~ 350，国产的油墨一般为分散红 3B、分散蓝 2BLN、分散黄 RGFL、分散红 FB、分散黄 3GE、分散蓝 RRL。

（1）涤纶织物热转移印花的工艺流程。

$$色彩管理 \longrightarrow 出小样（打印转印纸）\begin{array}{c} 织物 \\ \big\downarrow \end{array} \longrightarrow 压烫 \longrightarrow 客户确认小样 \longrightarrow 大货生产$$

①色彩管理。客户来样一般为布样或纸样，也有的直接提供电子设计稿。如果是布样或纸样，就需要经过扫描转换成电子稿，再通过图形处理软件如 Photoshop 等对其进行图像处理、调色等工作，已达到来样的要求。

②出小样。调好图后，打印转印纸，然后压烫出小样。如果小样与客户来样相差较大，就还要重新调色。

③客户确认小样。

④大货生产。经客户确认后，就可以进行大货生产。打印转印纸，然后与织物贴合热转移。

（2）转印纸的选择。转移印花中用到的转印纸并非一般我们所用的普通打印纸张，它是一种有涂层的纸。转印纸的质量会决定图案的转移率、染料的得色率、颜色等性能。转印纸最初主要由国外进口，现在国内也有大量生产厂商。要选择合适的纸张，需从以下几方面考虑：

①转移率。转印率高，织物上呈现的颜色就艳丽，也节约墨水。

②干燥速度。纸张打印后干燥速度越快，越适合连续打印。

③打印起皱性。打印后，纸张若易起皱，就会摩擦打印喷头，甚至损坏喷头。

④纸面的光滑程度及质量稳定性。纸面越光滑，打印时对喷头的磨损越小，当然纸面上的杂质斑点及纸张质量的稳定性都会影响转印的效果。

（3）实际生产中需注意的问题。转移印花过程看似简单，但要生产出满意的产品，在实际生产过程中还需注意很多生产细节。如布面应该保持平整，没有纬斜等。不同颜色深度的花型还需利用相关软件对其中的每种颜色进行调色、校正，但有时可能会出现花型中的某个颜色调好后，有的颜色会发生色光的变化。又比如，在转印的时候，不同的面料在转印的时候要求的压力、车速等参数也是不同的。一般温度为 $210 \sim 240℃$，车速为 $0.8 \sim 2.5 m/min$。如比较薄的雪纺面料转速不能太慢，太慢一方面可能会导致颜色渗透到毛毯上，另一方面也会影响印花的清晰度。而拉毛类的面料，转速相对就要慢一些，因为需要更多的染料渗透到面料上，就需要延长压烫的时间，从而得到更好的花型效果。

另外，由于涤纶面料容易产生静电，易吸附灰尘等，转印应尽量在无尘车间进行。有些弹力面料受热后易产生收缩，这类面料应在转印前进行预缩处理。

（4）转移印花的优缺点。转移印花最大的优点就是没有污水排放，另外，图形效果也较传统印花逼真，颜色绚丽丰富。但也存在着耐日晒牢度不高、转移印花也受面料材质的限制等问题。虽然目前已有适用棉织物等其他材质的转印工艺推出，但转印的效果没有在涤纶织物上的好，其工艺还有待改进。

2. 染料墨水数码直喷印花工艺

（1）工艺组成。数码直喷印花工艺一般分为三部分，即印前织物预处理、喷墨印花、印后处理。

①印前织物预处理。一般数码印花公司拿到的都是已经经过前处理的半成品（注意不要上柔软剂，因为大多柔软剂会影响墨水的得色率），因此，我们这里指的预处理就是指上浆。上浆的主要目的就是提供墨水和纺织纤维的反应条件，因此，浆料的成分主要为增稠剂、尿素、抗还原剂等，上浆量（上浆前后的重量差对上浆前面料干重的百分比）一般在 50% ~ 80%。除了保证一定的上浆量外，上浆时还需注意均匀性，否则会影响色泽鲜艳度，并导致深浅不一致。

②喷墨印花。将上浆烘干后的织物放到直喷印花机上打印。打印时需要注意的是，纬向应平行于设备不能歪斜，面料要平整以防面料起皱而摩擦喷头，最终导致断针。

③印后处理。一般包括蒸化——水洗——（加柔）定形。蒸化即染料的固色过程。织物进入蒸箱后，含湿量增大，使其上面的染料、助剂溶解，棉纤维也溶胀膨化，染料、助剂由纤维表面向纤维内部转移，并与纤维进行共价键结合，完成固色。因此，蒸化是一步复杂且至关重要的工序。蒸化时温度、湿度稍有变动都会影响最终的效果。一般蒸化温度控制在 $100 \sim 102℃$，时间 $10 \sim 40 min$。

（2）工艺实例。

①纯棉织物的活性染料喷墨印花工艺。

工艺流程：

织物上浆（二浸二轧，轧液率70%～80%）──→烘干（80～110℃）──→喷印──→烘干（90℃）──→汽蒸（102～105℃，20～25min）──→冷水洗──→热水洗（60℃，15min）──→皂洗（90℃，5min）──→热水洗（50℃，10min）──→冷水洗──→烘干

上浆配方（质量百分浓度）：

海藻酸钠糊	10%～30%
尿素	10%～20%
碳酸氢钠（小苏打）	0.2%～0.4%
消泡剂	0.2%
防染盐S	0.1%
加水至	100%

将小苏打、尿素、防染盐等易溶于水的组分加入水中充分溶解，再把海藻酸钠难溶于水的组分一边搅拌一边加入上一步调成的混合液中并不断搅拌直到难溶于水的组分完全溶胀。然后至上浆机上浆，注意上浆要均匀，随后烘干、打卷。烘干后的上浆布要常温下密封保存，保持干燥，以免受潮或者浆料成分发生改变影响后道的加工。

②蚕丝织物的活性染料喷墨印花工艺。

工艺流程：

织物上浆（二浸二轧，轧液率70%～80%）──→烘干（80～110℃）──→喷印──→烘干（90℃）──→汽蒸（102～105℃，20～25min）──→冷水洗──→热水洗（60℃，15min）──→皂洗（90℃，5min）──→热水洗（50℃，10min）──→冷水洗──→烘干──→固色（30～50℃，20～30min）──→水洗──→烘干

上浆配方（质量百分浓度）：

海藻酸钠糊	15%～20%
尿素	5%～10%
碳酸氢钠	0.1%～0.15%
消泡剂	0.1%
防染盐S	0.1%
加水至	100%

固色剂配方：

固色剂	225g/L
pH	6～7

③锦纶织物的酸性染料喷墨印花工艺。

工艺流程：

织物上浆（二浸二轧，轧液率70%～80%）──→烘干（80～110℃）──→喷印──→烘干

（90℃）——→汽蒸（102～105℃，30～45min）——→冷水洗——→热水洗（60℃，15min）——→皂洗（90℃，5min）——→热水洗（50℃，10min）——→冷水洗——→烘干——→固色（60～70℃，15～20min）——→水洗——→烘干

上浆配方（质量百分浓度）：

增稠剂	20%～30%
尿素	10%～15%
25%酒石酸铵	0.1%～0.2%
加水至	100%

固色剂配方：

固色剂	1～3g/L
pH	6～7

④羊毛织物的酸性染料喷墨印花工艺。

工艺流程：

织物上浆（二浸二轧，轧液率70%～80%）——→烘干（80～110℃）——→喷印——→烘干（90℃）——→汽蒸（102～105℃，20～30min）——→冷水洗——→热水洗（60℃，15min）——→皂洗（90℃，5min）——→热水洗（50℃，10min）——→冷水洗——→烘干

上浆配方（质量百分浓度）：

增稠剂	20%～30%
尿素	10%～15%
25%酒石酸铵	0.1%～0.2%
加水至	100%

3. 涂料墨水的数码喷墨印花工艺　涂料墨水几乎适用于所有面料，尤其是混纺织物，如涤棉混纺织物。涂料数码印花的优势是工艺简单，印花后直接通过高温焙烘即为成品，一般无需水洗，没有污水排放，比染料墨水喷墨印花更节能环保。其缺点是色彩不够鲜艳，色域低于染料墨水，尤其是黑色和红色，此外，耐湿摩擦牢度仍需要提高。目前涂料喷墨印花应用主要集中于T恤衫和服装裁片。

（1）工艺流程。

裁片——→刮前处理液——→烘干——→喷墨——→烘干——→固色（150～170℃，90～300s）

（2）涂料喷墨印花注意事项。

①半成品面料的毛效不能太高，否则涂料墨水容易渗透到面料背面，导致正面颜色变浅；另外，半成品上应不含有柔软剂。

②若对色彩牢度要求不高，可以直接喷墨打印，无需前处理液预处理。经过前处理液处理，可以提升色牢度和色彩鲜艳度。

③若要进一步提升色牢度，可以在后道工序中上固色剂和柔软剂。但是要注意，上柔软

剂后，耐湿摩擦牢度提升了，但是会降低耐干摩擦牢度。

④若是在深色面料上喷印，可以先打印白墨，再覆盖打印彩墨，或者先刮拔染浆（面料上的底色染料必须是可以被拔染剂拔掉的）。

六、喷墨印花的色彩管理系统

1. 色彩模式　传统印花是根据花稿或色块来决定颜色的，而数码印花是利用计算机处理图像的色彩模式来得到各种花型或连续色调图像所需要的颜色。计算机图像处理的色彩模式有 RGB 模式、CMYK 模式、HSB 模式、Lab 模式、Indexed Color 模式（索引颜色模式）、Bitmap 模式（位图模式）、Grayscale 模式（灰度模式）等。

目前，数码喷墨印花常用的是 CMYK 色彩模式。CMYK，即青色（Cyan）、品红色（Magenta）、黄色（Yellow）、黑色（Black）。CMYK 是利用色料的三原色混色原理，加上黑色（在实际应用中，青色、品红色和黄色叠加形成的是褐色而不是黑色，因此才引入了K——黑色）共计四种颜色混合叠加，形成所谓"全彩印刷"。该模式是一种减色模式，遵循减色法混合规律。也就是说，当阳光照射到一个物体上时，这个物体吸收一部分光线，并将剩下的光线进行反射，反射的光线就是人们所看见的物体颜色。

数码印花上的 4 分色就是按印刷的 4 色做的，但是织物表面不像纸张光滑，所以织物上的颜色体现不及纸张。为了补充颜色色域及提高颜色的亮度等问题，也出现了 6 色、8 色模式。

2. 图像文件格式　一般情况下，客户提供的是电子稿、纸样或布样，如果是纸样或布样，就需要通过照相机、扫描仪等设备将其转换成数字图像。一般常用的图像格式有：

（1）BMP 格式。BMP（Bitmap）是 Windows 操作系统中的标准图像文件格式，所以只要是 Windows 环境下运行的所有图像处理软件都支持这种格式。它是一种与硬件设备无关的图像文件格式。

（2）GIF 格式。GIF（Graphics Interchange Format）原意是"图像互换格式"，是 CompuServe 公司在 1987 年开发的图像文件格式。它采用无损压缩技术（其压缩率一般在 50% 左右，它不属于任何应用程序），只要图像不多于 256 色，则可既减少文件的大小，又保持成像的质量。GIF 格式的另一个特点是其在一个 GIF 文件中可以存多幅彩色图像，如果把存于一个文件中的多幅图像数据逐幅读出并显示到屏幕上，就可构成一种最简单的动画。

（3）JPEG 格式。JPEG（Joint Photographic Experts Group，联合图像专家组）文件后缀名为". jpg"或". jpeg"，是最常用的图像文件格式，由一个软件开发联合会组织制订，是一种有损压缩格式，能够将图像压缩在很小的储存空间，图像中重复或不重要的资料会被丢失，因此容易造成图像数据的损伤。

（4）JPEG2000 格式。JPEG2000 作为 JPEG 的升级版，其压缩率比 JPEG 高约 30% 左右，同时支持有损和无损压缩。JPEG2000 格式的一个极其重要的特征在于它能实现渐进传输，即先传输图像的轮廓，然后逐步传输数据，不断提高图像质量，让图像由朦胧到清晰显示。此外，JPEG2000 还支持所谓的"感兴趣区域"特性，可以任意指定影像上感兴趣区域的压缩质量，还可以选择指定的部分先解压缩。

（5）TIFF 格式。TIFF（Tagged Image File Format，标签图像文件格式）是一种主要用来存储包括照片和艺术图在内的图像的文件格式。它最初由 Aldus 公司与微软公司一起为 PostScript 打印开发。TIFF 文件格式适用于在应用程序之间和计算机平台之间的交换文件，它的出现使得图像数据交换变得简单。

（6）PNG 格式。PNG（Portable Network Graphic Format，可移植网络图形格式）是一种位图文件（bitmap file）存储格式，读作"ping"。PNG 用来存储灰度图像时，灰度图像的深度可多到 16 位，存储彩色图像时，彩色图像的深度可多到 48 位，并且还可存储多到 16 位的 α 通道数据。其设计目的是试图替代 GIF 和 TIFF 文件格式，同时增加一些 GIF 文件格式所不具备的特性。

（7）SWF 格式。SWF（Shock Wave Flash）是一种基于矢量的 Flash 动画文件，被广泛应用于网页设计、动画制作等领域。SWF 可以用 Adobe Flash Player 打开，浏览器必须安装 Adobe Flash Player 插件。

（8）DXF 格式。DXF（Drawing Interchange Format，Drawing Exchange Format，绘图交换文件），绝大多数 CAD 系统都支持此格式的输入与输出。

（9）WMF 格式。WMF（WindowsMetafile）属于矢量类图形，是微软公司定义的一种 Windows 平台下的图形文件格式，目前，其他操作系统尚不支持这种格式。它主要特点是文件非常小，可以任意缩放而不影响图像质量。与 BMP 格式不同，WMF 格式文件与设备无关，即它的输出特性不依赖于具体的输出设备。

（10）PCX 格式。PCX（PC Paintbrush Exchange），它是基于 PC 的绘图程序的专用格式，是一种无损压缩格式。PCX 支持 256 色调色板或全 24 位的 RGB，图像大小最多达 $64K \times 64K$ 像素。它不支持 CMYK 或 HSI 颜色模式，photoshop 等多种图像处理软件均支持 PCX 格式。这种格式已经逐渐被 GIF、JPEG、PNG 等取代。

（11）SVG 格式。SVG（Scalable Vector Graphic，可伸缩矢量图形），它使用 XML 格式定义图形，用于描述二维矢量图形。它的图像在放大或改变尺寸的情况下其图形质量不会有所损失。

知识拓展 2　夜光印花与荧光印花

一、夜光印花

传统印花后的纺织品在光线微弱或无光的环境下观察，图案模糊甚至无法看到，但夜光印花后的纺织品在黑暗中能够发出灿灿亮光。纺织品上的图案之所以能够发出忽隐忽现的亮光，是因为印花色浆里含有可发光材料（即蓄光物质），该发光材料在经过光照后能够将光能储蓄起来，在黑暗的时候，持续发光。在纺织品上使用的蓄光物质有两种：一种是硫化物复合体，它是将高纯度的硫化锌掺入铜和钴里；另一种是稀土金属盐，它是由稀土离子激活的碱土金属铝酸盐等无机氧化复合体组成，具有不规则的无机晶体结构。利用不同余辉的发光固体和光线的变化，可以使原本静态、单调的印花图案变得栩栩如生，光彩熠熠。

夜光印花常用在一些特殊行业服装上起警示或识别作用，如军事制服、夜行服、地下矿工制服等，也常用于服饰或家用装饰面料中起装饰作用。夜光印花浆一般由发光材料、黏合剂、增稠剂、交联剂和涂料等组成。其工艺与涂料印花基本一致。

以纯棉斜纹为例，印花配方：

涂料	x
夜光粉	100～150g
A 邦浆	100g
增稠剂	适量
柔软剂	20g
水	适量
合成	1000g

二、荧光印花

荧光印花后的纺织品上的图案也可发光，但不同于夜光印花。其色浆中需加入荧光涂料，荧光涂料产生的荧光在光源移开后，便不再闪光。实际上，大多数的染料都具有荧光特性，但都不称其为荧光染料，这是因为它们的荧光不在可见光谱的范围内，肉眼不能识别。而我们所指的荧光染料能够吸收紫外线或可见光中波长较短的光线，转化后反射出来的光是可见光波，肉眼能够识别，因此，应称之为"日光荧光涂料"。目前，可用于纺织品印花的荧光涂料至今仍为13只：荧光嫩黄、荧光黄、荧光金黄、荧光橘黄、荧光橙、荧光妃红、荧光艳红、荧光橘红、荧光大红、荧光莲红、荧光青莲、荧光绿、荧光宝蓝。

荧光印花应用范围广泛，主要是荧光颜料具有一定荧光度，色泽鲜艳，能够与涂料、活性染料共同印花，在一般印花中起到点缀的作用。

以活性染料地色荧光涂料拔染印花为例，其配方为：

荧光涂料	20～40g
黏合剂	20～50g
拔染剂（雕白粉）	7g
EDTA	0.5
A 邦浆	x
加水合成	100g

知识拓展 3　金银粉印花

在很早以前，纯金粉、纯银粉就用在了纺织品上，体现穿着者的地位及尊贵，这就是第一代的金银粉印花。由于金粉、银粉的价格昂贵，人们开始用一些能发出金光、银光的金属粉末来代替。目前，大量使用的"金粉"为铜锌合金粉（60%～80%的铜，20%～40%的锌），"银粉"为纯铝粉，这就是第二代的金粉、银粉。金银粉在空气中易发生氧化而颜色变暗，失去金属光泽，尤其是铝粉，所以需要加入抗氧化剂。常用的金粉细度应控制在200～400目。金粉粒径越小，红光越强，光泽越差；反之，粒径越大，青光越强，光泽越好，耐刷洗牢度也较好。这与一般涂料细度的选择相异。金银粉印花色浆一般由金粉或银粉、抗氧化剂、酒精、自交联黏合剂、渗透剂、增稠剂组成。也有公司直接提供将黏合剂、增稠剂及其他助剂混合的复合黏合剂，使用时只需直接加入金粉、银粉即可。其工艺流程为：

印花──→烘干──→焙烘

必要时，再进行轧光处理。

由于铜锌合金粉、铝粉，不耐高温，受环境影响大，光泽耐久性差，与某些活性染料共同印花时，接触部分容易发生反应而导致色变，因此，耐气候、耐高温、光泽保持持久的第三代金粉印花浆问世。该金粉是以云母晶体为核心，依次包覆增光层、钛膜层和金属光泽沉积层制成的。此种金粉的印花色浆中无需加入抗氧化剂、扩散剂等助剂，印花工艺同于一般涂料印花。目前的银粉是采用以云母为核心，用钛膜包覆制成。

知识拓展 4　浮水映印花

在织物上印一层透明的花型图案，纺织品干态的时候，看不出图案，当织物遇水后，花型图案即显现出来。这种随着织物上有无水分图案可反复呈现、显示的印花就叫做浮水映印花，也称为浮水印印花、水中映花。其表面的水层厚薄不一，产生的相对折射率不一样，从而引起色泽的不一样，产生花型图案。浮水映印花干湿效果对比见附图15。

浮水映印花浆主要由透明结膜剂、结膜促进剂和印花糊料所组成。其加工流程为：

印花──→烘干──→焙烘──→水洗

经烘干焙烘后，透明结膜剂和结膜促进剂在织物上就形成了一层透明薄膜，再经水洗将未反应的物质洗除。当织物遇水后，由于织物表面水层厚薄不一，产生不同的折射率，从而引起了色泽的变化，产生花纹图案。

浮水映印花可在多种印花设备上生产，如圆网印花机、平网印花机、手工台板。由于浮水映印花要与水接触才显色，因此常应用在沙滩裤、毛巾、泳衣、雨伞等面料上。从浮水映效果上看，所印面料的地色以中浅色为最佳。需要注意的是，白地或黑地由于其折射率与印

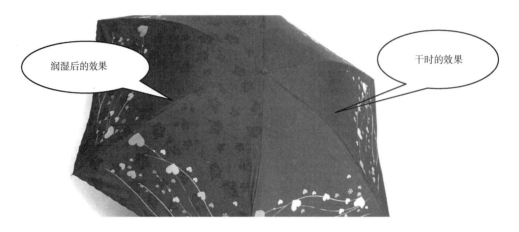

附图15　经浮水映印花后的雨伞干湿效果对比

花处相差太小而与印花处无明显色泽差异，因此，效果欠佳。

知识拓展5　静电植绒印花

静电植绒最早出现在20世纪早期的德国，随后日本在50年代初开始研究，我国的静电植绒业是在20世纪70年代开始起步的。静电植绒是一种利用电荷的物理特性对基材表面进行植绒的加工工艺，广泛应用于工艺品、包装、汽车、纺织等行业中。在纺织行业中，静电植绒技术应用于印花也称为植绒印花。与普通印花对比，植绒印花别具风格，花型立体感强，如附图16所示。

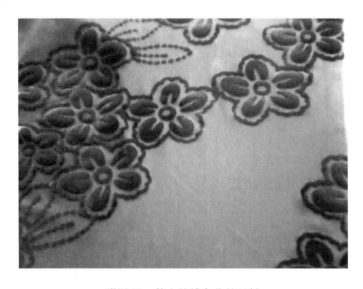

附图16　静电植绒印花的面料

一、静电植绒印花的原理

植绒印花的原理是在高压静电场中，绒毛装在金属网上，待植绒的面料放在地极位上，由于绒毛带负电荷，受到带正电荷的待植绒面料的吸引，绒毛作为带电载体，垂直飞到待植绒面料表面，由于待植绒面料表面涂有胶黏剂，绒毛就被垂直黏在待植绒面料上。未被植上的绒毛，由于受到电场影响带正电，又会被吸回金属网上。因此，绒毛在静电场两极间不停地运动，直到待植绒面料被均匀地植满绒为止。

二、静电植绒印花工艺及设备

根据静电植绒印花的特点，它既适用于布匹印花，也适用于衣片印花。植绒印花的工艺流程一般为：

织物──→印花（黏合剂）──→植绒──→预烘──→焙烘──→冷却──→刷绒──→成品

植绒的设备主要有三种类型：箱式植绒、喷头式植绒和植绒机流水线式植绒。

箱式植绒是将绒毛放置在植绒箱中，接通电源，使植绒箱内形成一个高压电场，被植绒产品穿过箱体即可完成植绒。植绒箱体的大小需根据被植绒产品的大小、形状来制作。

喷头式植绒是在高压电场的作用下，使绒毛带上负电荷，将喷头靠近被植绒物体，然后将绒毛从喷头中喷出飞升到表面有胶黏剂的被植绒物体表面，使绒毛呈垂直状植在被植绒物体表面。

植绒机流水线式植绒可全自动完成上胶、植绒、烘干、浮绒清除的工序，适用广泛。

三、注意事项

要获得满意的植绒效果，除正确选择合适的植绒设备外，还需注意以下几点：

1. 绒毛的选择 绒毛的长度范围一般在 0.2 ~ 1.6mm，绒毛除色泽要均匀外，还需具有良好的飞升性、分散性、含水率、均长度、柔软性。目前，植绒印花所用的绒毛主要为黏胶纤维、锦纶，其次为腈纶和涤纶。随着高新技术的发展，新的纤维品种层出不穷，绒毛品种的选择范围也越来越广泛。纤维品种不同，绒面效果也各异。如黏胶纤维的手感、耐晒性能等较好，但耐磨性差；锦纶的耐磨性较好，但手感、耐晒性差；腈纶的手感、耐磨性、耐晒性、色泽等都比较好；涤纶除手感较差以外，各方面都较优良。因此，要根据产品需要选择合适的纤维绒毛。

2. 基布的选择 用于植绒印花的面料一般要求表面平整、组织结构均匀、高导电性、多孔但经纬密度不能过疏，表面不能有疵点，耐高温。此外，还要根据植绒产品的用途来选择基布，如帷幕、毡毯、装饰类宜用厚重织物为基布，而用于服装、帽子等的植绒织物则以轻薄织物为佳。需要注意的是，具有收缩性的弹性织物及未经定形处理的化纤织物不宜作为植绒基布。

3. 黏合剂的选择 目前黏合剂的种类繁多，但不一定都适合植绒印花。植绒印花选择黏合剂时需要考虑其对坯布、绒毛的黏着力是否强，植绒后的手感是否柔软，化学稳定性、耐洗涤性、是否环保等问题。

附录二　实训项目指导书

项目1　印花平网制作

一、项目目标

（1）熟悉平网制作的基本方法及步骤。

（2）完成平网制作的基本操作。

二、项目仪器及材料

1. 仪器　绷网机、曝光机、上胶刷、烘箱、烧杯（100mL、250mL）、量筒（100mL）、玻璃棒、毛笔、裁剪刀等。

2. 材料　网框、绢网材料、聚酯胶片（或即时贴）等。

3. 药品　白乳胶、无水酒精、感光胶、墨汁等。

三、平网制作基本过程及操作

1. 网框的选择或定制　根据所设计的花型大小选择所需规格的网框或重新定制网框。

2. 绷网（胶着法）

（1）基本步骤。

网框涂胶──→自然干燥──→绷网──→涂刷无水酒精──→干布擦拭──→风扇吹干

（2）基本操作。

①用刷子在网框的底、侧面均匀地刷涂上白乳胶。

②将刷涂白乳胶后的网框搁置一定时间，让白乳胶自然干燥。

③将绢网材料夹持在绷网机的夹持架上，并手摇绷紧。

④将网框涂胶面朝上由绢网下方上托，使其绢网紧贴。

⑤用刷子蘸上无水酒精，隔着绢网在网框上涂刷，使网框上的白乳胶溶解并与绢网胶着。

⑥用干布擦拭胶着面，并用电风扇吹干，使胶着坚固。

⑦用裁剪刀沿网框外2～3cm处将绢网切割。

⑧将网框外沿的绢网包裹胶着在网框侧面即可。

3. 人工分色制版（感光法）

（1）基本步骤。

图案设计——制感光底稿——平网清洗——上感光胶——覆片感光——水洗显影——干燥——加固——修理——校对

（2）基本操作。

①自行设计或选用花版图案。

②将透明聚酯胶片压在设计的图案上面，用人工描稿的方式制感光底稿。也可将设计的图案压在即时贴上面，用刻刀刻出带有花纹的即时贴作感光底稿。

③选用平网，并清洗、烘干。

④用刷子在平网上均匀地涂上感光胶，并烘干。

⑤将感光底稿覆盖在涂有感光胶的平网上，并在感光机上进行曝光。

⑥将曝光后的平网用水反复冲洗，使花型部位的感光胶完全洗尽。

⑦将洗后平网充分烘燥即可。

4. 计算机分色系统制版 详见本书附录三印花分色描稿强化训练。

项目 2 印花原糊制备及涂料色浆（仿色）的调制

一、项目目标

（1）完成淀粉糊、海藻酸钠糊、合成龙胶糊、乳化糊、合成增稠剂糊的制备。

（2）完成涂料色浆的仿色调制。

二、项目仪器与材料

1. 仪器 恒温水浴槽、烧杯（100mL、250mL）、量筒（100mL）、刻度吸管（10mL）、搅拌机、玻璃棒等。

2. 材料 淀粉、海藻酸钠、合成龙胶、火油、合成增稠剂、黏合剂、交联剂、涂料等。

3. 药品 30% NaOH、98% H_2SO_4、平平加 O、25%氨水等。

三、实训参考工艺与操作

1. 煮糊法制备淀粉糊

（1）参考工艺配方。

淀粉	5g
蒸馏水	50mL

（2）操作步骤。称取 5g 淀粉于 100mL 烧杯中，先用少量蒸馏水调成浆状，再加入余量

水稀释成悬浮液。将烧杯放入水浴锅中加热，并不断搅拌，淀粉由乳白色逐渐变成半透明状。当温度升至95℃时保温10min，然后从水浴中取出冷却，备用。

2. 碱化法制备淀粉糊

（1）参考工艺配方。

淀粉	5g
蒸馏水	50mL
30% NaOH	2mL
30% H$_2$SO$_4$	适量

（2）操作步骤。称取5g淀粉于100mL烧杯中，先用少量蒸馏水调成浆状，再加入余量水稀释成悬浮液。在不断搅拌下慢慢滴加2mL30% NaOH溶液于上述悬浮液中，加完后继续搅拌，直至淀粉悬浮液由乳白色变成透明状。然后滴加适量30% H$_2$SO$_4$，直至原糊呈中性（用pH试纸测试），备用。

3. 海藻酸钠糊的制备

（1）参考工艺配方。

海藻酸钠	4g
蒸馏水	50mL

（2）操作步骤。量取50mL蒸馏水于100mL烧杯中，加热至80℃。将预先称好的4g海藻酸钠分多次撒入加热的水中，边加边用玻璃棒搅拌，撒完后继续搅拌，直至其呈透明糊状，备用。

4. 合成龙胶糊的制备

（1）参考工艺配方。

合成龙胶	2g
蒸馏水	50mL

（2）操作步骤。量取50mL蒸馏水于100mL烧杯中，加热至60℃。将预先称好的2g合成龙胶分多次撒入加热的水中，边加边用玻璃棒搅拌，撒完后继续搅拌，直至其呈透明糊状，备用。

5. 乳化糊的制备

（1）参考工艺。

煤油	70g
平平加O	2g
蒸馏水	28mL

（2）操作步骤。称取2g平平加O于250mL烧杯中，加入28mL温水将平平加O溶解后再冷却至室温。用强力搅拌机以1000r/min的速度搅拌，并滴加煤油（开始缓慢些，后稍快些），加完后继续搅拌30min即成乳化糊，备用。

6. 合成增稠剂原糊的制备

（1）参考工艺配方。

合成增稠剂	1g
25%氨水	1mL
蒸馏水	48mL

（2）操作步骤。量取48mL蒸馏水于100mL烧杯中，吸取25%氨水1mL加入蒸馏水中。在快速搅拌下将预先称好的合成增稠剂加入氨水溶液中，加完后继续搅拌，直至呈半透明糊状，备用。

7. 涂料色浆的仿色调制

（1）涂料色浆的参考配方（质量百分浓度）。

涂料	x
乳化糊A	40%
东风牌黏合剂	25%
交联剂FH（或EH）	3%
尿素	5%
水	y
合成	100%

（2）色浆调制的基本步骤。

①根据以上工艺配方，按调制30g色浆要求计算各组分用量，其中涂料用量依据来样色泽判断确定。

②称取尿素置于50mL小烧杯中，加入少量蒸馏水溶解。依次称取涂料、黏合剂、乳化糊A并置于100mL烧杯中，并搅拌均匀，然后在搅拌下加入已溶解好的尿素，在印制前加入交联剂并搅匀。

③将待印漂白布平整地铺摊在印花台板上，平网覆盖在待印漂白布上，在平网一端非花型处倒上色浆，用刮刀均匀用力刮浆，抬起平网，将印制后的织物烘干。

④将烘干后的织物绷在针框上，在焙烘机中以150~160℃温度焙烘3min。

⑤对样，并调整涂料用量后重复以上操作，直到加工样与来样色泽一致。

⑥确定色浆最终配方。

项目3 纤维素纤维织物活性染料直接印花加工

一、项目目标

（1）完成活性染料直接印花工艺设计。

（2）完成活性染料直接印花工艺操作。

二、项目仪器与材料

1. 仪器 印花台板、平网、刮刀、电子台秤（或托盘天平）、电炉、烘箱、汽蒸箱（或蒸锅）、烧杯（50mL、100mL）、量筒（100mL）、刻度吸管（10mL）、熨斗等。

2. 材料 纯棉（或人造棉、纯麻）漂白布。

3. 药品 活性染料、碳酸氢钠、尿素、防染盐 S、海藻酸钠糊、洗衣粉（或皂片）。

三、活性染料直接印花参考工艺

1. 工艺流程

调制色浆—→印花—→烘干—→汽蒸—→水洗—→皂煮—→水洗—→烘干

2. 工艺配方（质量百分浓度）

K 型活性染料	3%
尿素	5%
防染盐 S	1%
碳酸氢钠	2%
8% 海藻酸钠糊	50%
水	39%

3. 工艺条件

汽蒸温度	100～102℃
汽蒸时间	7～10min
皂煮温度	95～100℃
皂煮时间	5～10min

4. 工艺操作

（1）根据以上工艺配方，按调制 30g 色浆要求计算各组分用量。

（2）分别称取尿素、防染盐 S 置于 50mL 小烧杯中，加入少量蒸馏水溶解（可在水浴中适当加热）。然后在搅拌下倒入已称取染料的烧杯中溶解染料，使染料充分溶解（必要时可在水浴中加热）。

（3）称取 8% 海藻酸钠糊于 100mL 烧杯中，在搅拌下将已溶解好的活性染料加入，再把溶解好的碱液加入，最后搅匀待用。

（4）将待印漂白布平整地铺摊在印花台板上，平网覆盖在待印漂白布上，在平网一端非花型处倒上色浆，用刮刀均匀用力刮浆，抬起平网，将印制后的织物烘干。

（5）将烘干后的织物用衬布（或纸）卷包好，在汽蒸箱（或蒸锅）中以 100～102℃ 汽蒸 7～10min。

（6）将蒸后织物取出，再经水洗、皂煮、水洗、烘干、熨平即可。

项目4　蛋白质纤维织物弱酸性染料直接印花加工

一、项目目标

（1）完成酸性染料直接印花工艺设计。

（2）完成酸性染料直接印花工艺操作。

二、项目仪器与材料

1. 仪器　印花台板、平网、刮刀、电子台秤（或托盘天平）、电炉、汽蒸箱（蒸锅）、烧杯（50mL、100mL）、量筒（100mL）、刻度吸管（10mL）、熨斗等。

2. 材料　蚕丝织物（或毛织物、锦纶织物）。

3. 药品　弱酸性染料、尿素、硫酸铵、淀粉糊、洗衣粉（或皂片）。

三、酸性染料直接印花参考工艺

1. 工艺流程

调制色浆──→印花──→烘干──→汽蒸──→水洗──→皂洗──→水洗──→烘干

2. 工艺配方（质量百分浓度）

弱酸性染料	1.5%
尿素	5%
硫酸铵	2%
12%淀粉糊	55%
水	36.5%

3. 工艺条件

汽蒸温度	100~102℃
汽蒸时间	10~15min
皂煮温度	50~60℃
皂煮时间	3~5min

4. 工艺操作

（1）根据以上工艺配方，按调制30g色浆要求计算各组分用量。

（2）称取弱酸性染料置于50mL小烧杯中，加入少量蒸馏水调浆，再加入尿素、蒸馏水，加热、搅拌，使染料充分溶解后备用。

（3）称取硫酸铵于50mL小烧杯中，加入少量蒸馏水溶解后备用。

（4）称取 12% 淀粉糊于 100mL 烧杯中，在搅拌下将已溶解好的染料加入，再把溶解好的硫酸铵液加入，最后搅匀待用。

（5）将待印织物平整地铺摊在印花台板上，平网覆盖在待印织物上，在平网一端非花型处倒上色浆，用刮刀均匀用力刮浆，抬起平网，将印制后的织物烘干。

（6）将烘干后的织物用衬布（或纸）卷包好，在汽蒸箱（或蒸锅）中以 100~102℃ 汽蒸 10~15min。

（7）将蒸后织物取出，再经水洗、皂洗、水洗、烘干、熨平即可。

项目 5   涤纶织物分散染料直接印花加工

一、项目目标
（1）完成分散染料直接印花工艺设计。
（2）完成分散染料直接印花工艺操作。

二、项目仪器与材料
1. 仪器　印花台板、平网、刮刀、电子台秤（或托盘天平）、电炉、焙烘箱、烧杯（50mL、100mL）、量筒（100mL）、刻度吸管（10mL）、熨斗等。

2. 材料　纯涤（或涤/棉）漂白布。

3. 药品　分散染料、尿素、防染盐 S、磷酸二氢铵、海藻酸钠糊、洗衣粉（或皂片）。

三、分散染料直接印花参考工艺
1. 工艺流程

调制色浆——→印花——→烘干——→焙烘——→水洗——→皂煮——→水洗——→烘干

2. 工艺配方（质量百分浓度）

S 型分散染料	3%
尿素	5%
防染盐 S	1%
磷酸二氢铵	1%
8% 海藻酸钠糊	50%
水	40%

3. 工艺条件

焙烘温度	200℃
焙烘时间	1.5min

皂煮温度	95～100℃
皂煮时间	5～10min

4. 工艺操作

（1）根据以上工艺配方，按调制30g色浆要求计算各组分用量。

（2）分别称取尿素、防染盐S置于50mL小烧杯中，加入少量蒸馏水溶解（可在水浴中适当加热）。然后在搅拌下倒入已称取染料的烧杯中溶解染料，使染料充分溶解。

（3）称取8%海藻酸钠糊于100mL烧杯中，在搅拌下将已溶解好的分散染料加入，再把溶解好的磷酸二氢铵液加入，最后搅匀待用。

（4）将待印漂白布平整地铺摊在印花台板上，平网覆盖在待印漂白布上，在平网一端非花型处倒上色浆，用刮刀均匀用力刮浆，抬起平网，将印制后的织物烘干。

（5）将烘干后的织物绷在针框上，在焙烘机中以200℃焙烘1.5min。

（6）将蒸后织物取出，再经水洗、皂煮、水洗、烘干、熨平即可。

项目6　腈纶织物阳离子染料直接印花加工

一、项目目标
（1）完成阳离子染料直接印花工艺设计。
（2）完成阳离子染料直接印花工艺操作。

二、项目仪器与材料
1. 仪器　印花台板、平网、刮刀、电子台秤（或托盘天平）、电炉、汽蒸箱（蒸锅）、烧杯（50mL、100mL）、量筒（100mL）、刻度吸管（10mL）、熨斗等。

2. 材料　腈纶织物。

3. 药品　阳离子染料、醋酸、酒石酸、合成龙胶糊、洗衣粉（或皂片）。

三、阳离子染料直接印花参考工艺
1. 工艺流程
调制色浆──→印花──→烘干──→汽蒸──→水洗──→皂洗──→水洗──→烘干

2. 工艺配方（质量百分浓度）

阳离子染料	1%
醋酸	1.5%
酒石酸	1.5%
4%合成龙胶糊	60%

水	36%

3. 工艺条件

汽蒸温度	100~102℃
汽蒸时间	25~30min
皂煮温度	50~60℃
皂煮时间	3~5min

4. 工艺操作

（1）根据以上工艺配方，按调制30g色浆要求计算各组分用量。

（2）称取阳离子染料置于50mL小烧杯中，少量蒸馏水调浆，加入醋酸及沸水，搅拌，使染料充分溶解后备用。

（3）称取4%合成龙胶糊于100mL烧杯中，在搅拌下加入酒石酸及已溶解好的染料，最后搅匀待用。

（4）将待印织物平整地铺摊在印花台板上，平网覆盖在待印漂布上，在平网一端非花型处倒上色浆，用刮刀均匀用力刮浆，抬起平网，将印制后的织物烘干。

（5）将烘干后的织物用衬布（或纸）卷包好，在汽蒸箱（或蒸锅）中以100~102℃汽蒸25~30min。

（6）将蒸后织物取出，再经水洗、皂洗、水洗、烘干、熨平即可。

项目7　涤/棉织物涂料直接印花加工

一、项目目标

（1）完成涂料直接印花工艺设计及操作。

（2）完成产品耐刷洗或耐摩擦牢度的测定。

二、项目仪器与材料

1. 仪器　印花台板、平网、刮刀、电子台秤（或托盘天平）、电炉、焙烘机（或烘箱）、烧杯（50mL、100mL）、量筒（100mL）、刻度吸管（10mL）、熨斗等。

2. 材料　涤/棉漂白布。

3. 药品　织物用涂料、黏合剂、交联剂、尿素、乳化糊（或合成增稠剂糊）。

三、涂料直接印花参考工艺

1. 工艺流程

调制色浆──→印花──→烘干──→焙烘

2. 工艺配方（质量百分浓度）

涂料	5%
乳化糊	40%
东风牌黏合剂	25%
交联系 FH（或 EH）	3%
尿素	5%
水	22%

3. 工艺条件

焙烘温度	150～160℃
焙烘时间	3min

4. 工艺操作

（1）根据以上工艺配方，按调制 30g 色浆要求计算各组分用量。

（2）称取尿素置于 50mL 小烧杯中，加入少量蒸馏水溶解。依次称取涂料、黏合剂、乳化糊置于 100mL 烧杯中，并搅拌均匀，然后在搅拌下加入已溶解好的尿素，在印制前加入交联剂并搅匀。

（3）将待印漂白布平整地铺摊在印花台板上，平网覆盖在待印漂白布上，在平网一端非花型处倒上色浆，用刮刀均匀用力刮浆，抬起平网，将印制后的织物烘干。

（4）将烘干后的织物绷在针框上，在焙烘机中以 150～160℃ 焙烘 3min。

（5）测定耐刷洗或耐摩擦牢度。

项目 8 涤/棉织物分散/活性染料同浆印花加工

一、项目目标

（1）完成分散/活性染料同浆印花工艺设计。

（2）完成分散/活性染料同浆印花工艺操作。

二、项目仪器与材料

1. 仪器 印花台板、平网、刮刀、电子台秤（或托盘天平）、电炉、焙烘箱（机）、汽蒸箱（或蒸锅）、烧杯（50mL、100mL）、量筒（100mL）、刻度吸管（10mL）、熨斗等。

2. 材料 涤/棉漂白布。

3. 药品 分散染料、活性染料、碳酸氢钠、尿素、防染盐 S、海藻酸钠糊、洗衣粉（或皂片）。

三、分散/活性染料同浆印花参考工艺

1. 工艺流程

调制色浆——→印花——→烘干——→焙烘——→汽蒸——→水洗——→皂煮——→水洗——→烘干

2. 工艺配方（质量百分浓度）

S 型分散染料	2%
K 型活性染料	2%
尿素	5%
防染盐 S	1%
碳酸氢钠	2%
8% 海藻酸钠糊	50%
水	38%

3. 工艺条件

焙烘温度	200℃
焙烘时间	1.5min
汽蒸温度	100~102℃
汽蒸时间	7~8min
皂煮温度	95~100℃
皂煮时间	5~10min

4. 工艺操作

（1）根据以上工艺配方，按调制 30g 色浆要求计算各组分用量。

（2）分别称取尿素、防染盐 S 置于 50mL 小烧杯中，加入少量蒸馏水溶解（可在水浴中适当加热）。然后在搅拌下倒入已称取染料的烧杯中溶解染料，使染料充分溶解（必要时可在水浴中加热）。

（3）称取分散染料于 50mL 小烧杯中，加入少量蒸馏水搅拌均匀。

（4）称取 8% 海藻酸钠糊于 100mL 烧杯中，在搅拌下分别加入将已溶解好的活性染料及分散染料溶液，再把溶解好的碱液加入，最后搅匀待用。

（5）将待印漂白布平整的铺摊在印花台板上，平网覆盖在待印漂白布上，在平网一端非花型处倒上色浆，用刮刀均匀用力刮浆，抬起平网，将印制后的织物烘干。

（6）将烘干后的织物绷在针框上，在焙烘机中以 200℃ 温度焙烘 1.5min。

（7）将焙烘后的织物用衬布（或纸）卷包好，在汽蒸箱（或蒸锅）中以 100~102℃ 汽蒸 7~8min。

（8）将蒸后织物取出，再经水洗、皂煮、水洗、烘干、熨平即可。

项目 9　棉织物涂料防活性染料地色防染印花加工

一、项目目标

（1）完成涂料防活性染料地色印花工艺设计。

（2）完成涂料防活性染料地色印花工艺操作。

二、项目仪器与材料

1. 仪器　印花台板、平网、刮刀、电子台秤（或托盘天平）、电炉、烘箱、蒸箱（或蒸锅）、烧杯（50mL、100mL）、量筒（100mL）、刻度吸管（10mL）、熨斗等。

2. 材料　纯棉漂白布。

3. 药品　织物用涂料、活性染料、自交联型黏合剂、尿素、硫酸铵、防染盐 S、碳酸氢钠、乳化糊、合成龙胶糊、海藻酸钠糊。

三、涂料防活性染料地色印花参考工艺

1. 工艺流程

调制色浆——→印防染浆——→烘干——→满地罩印地色——→烘干——→汽蒸——→水洗——→皂煮——→水洗——→烘干

2. 工艺配方（质量百分浓度）

（1）防白浆配方。

硫酸铵	6%
4%合成龙胶糊	60%
水	34%

（2）色防浆配方。

涂料	5%
乳化糊	25%
自交联型黏合剂	25%
硫酸铵	6%
尿素	5%
水	34%

（3）地色罩印浆配方。

K 型活性染料	3%
尿素	5%

防染盐 S	1%
碳酸氢钠	2%
8%海藻酸钠糊	50%
水	39%

3. 工艺条件

汽蒸温度	100～102℃
汽蒸时间	7～10min

4. 工艺操作

（1）调制防白浆。

①根据防白浆工艺配方，按调制 30g 防白浆要求计算各组分用量。

②称取硫酸铵于 50mL 小烧杯中，加入少量蒸馏水溶解后备用。

③称取 4%合成龙胶糊置于 100mL 烧杯中，在搅拌下加入已溶解好的硫酸铵溶液，并反复搅匀后备用。

（2）调制色防浆。

①根据色防浆工艺配方，按调制 30g 色防浆要求计算各组分用量。

②分别称取尿素、硫酸铵置于 50mL 小烧杯中，加入少量蒸馏水溶解后备用。

③依次称取涂料、自交联型黏合剂、乳化糊置于 100mL 烧杯中，并搅拌均匀，然后在搅拌下加入已溶解好的尿素、硫酸铵溶液，最后搅匀备用。

（3）调制地色浆。

①根据以上工艺配方，按调制 50g 地色浆要求计算各组分用量。

②分别称取尿素、防染盐 S 置于 50mL 小烧杯中，加入少量蒸馏水溶解（可在水浴中适当加热）。然后在搅拌下倒入已称取染料的烧杯中溶解染料，使染料充分溶解（必要时可在水浴中加热）。

③称取 8%海藻酸钠糊于 100mL 烧杯中，在搅拌下分别加入将已溶解好的活性染料，再把溶解好的碳酸氢钠溶液加入，最后搅匀待用。

（4）印花与后处理。

①将待印漂白布平整地铺摊在印花台板上，平网覆盖在待印漂白布上，在平网一端非花型处倒上防白浆或色防浆，用刮刀均匀用力刮浆，抬起平网，将印制后的织物烘干，在同一织物上先印防白浆后印色防浆，最后满地罩印地色浆并烘干。

②将烘干后的织物用衬布（或纸）卷包好，在汽蒸箱（或蒸锅）中以 100～102℃汽蒸 7～10min。

③将蒸后织物取出，再经水洗、皂煮、水洗、烘干、熨平即可。

项目10　棉织物涂料防活性染料地色拔染印花加工

一、项目目标

（1）完成活性染料地色拔白印花工艺设计与操作。

（2）完成活性染料地色涂料着色拔染印花工艺设计与操作。

二、项目仪器与材料

1. 仪器　印花台板、平网、刮刀、电子台秤（或托盘天平）、电炉、烘箱、蒸箱（或蒸锅）、烧杯（50mL、100mL）、量筒（100mL）、刻度吸管（10mL）、熨斗等。

2. 材料　纯棉活性染料染色织物。

3. 药品　织物用涂料、自交联型黏合剂、尿素、雕白粉（或专用拔染剂）、纯碱、海藻酸钠糊、乳化糊、洗衣粉等。

三、涂料防活性染料地色印花参考工艺

1. 工艺流程

纯棉活性染料染色织物——→印拔染浆——→烘干——→汽蒸——→水洗——→皂煮——→水洗——→烘干

2. 工艺配方（质量百分浓度）

（1）拔白浆配方。

雕白粉（或专用拔染剂）	15%
海藻酸钠糊	55%
纯碱	10%
水	20%

（2）色拔浆配方。

雕白粉（或专用拔染剂）	15%
纯碱	10%
涂料	5%
乳化糊	30%
自交联型黏合剂	15%
尿素	5%
水	20%

3. 工艺条件

汽蒸温度	100～102℃
汽蒸时间	10～15min

4. 工艺操作

（1）调制拔白浆。

①根据拔白浆工艺配方，按调制30g防白浆要求计算各组分用量。

②称取拔染剂、纯碱于50mL小烧杯中，加入少量蒸馏水溶解后备用。

③称海藻酸钠糊取置于100mL烧杯中，在搅拌下加入已溶解好的拔染剂、纯碱溶液，并反复搅匀后备用。

（2）调制色拔浆。

①根据色防浆工艺配方，按调制30g色防浆要求计算各组分用量。

②分别称取尿素、纯碱、拔染剂置于50mL小烧杯中，加入少量蒸馏水溶解后备用。

③依次称取涂料、自交联型黏合剂、乳化糊置于100mL烧杯中，并搅拌均匀，然后在搅拌下加入已溶解好的尿素、纯碱、拔染剂溶液，最后搅匀备用。

（3）印花与后处理。

①将待印纯棉活性染料染色织物平整地铺摊在印花台板上，平网覆盖在待印织物上，在平网一端非花型处倒上拔白浆或色拔浆，用刮刀均匀用力刮浆，抬起平网，将印制后的织物烘干。

②将烘干后的织物用衬布（或纸）卷包好，在汽蒸箱（或蒸锅）中以100～102℃汽蒸10～15min。

③将蒸后织物取出，再经水洗、皂煮、水洗、烘干、熨平即可。

项目11　纺织品扎染作品制作

一、项目目标

（1）知道扎染的原理。

（2）会简单的扎结方法。

（3）会实施扎染工艺。

二、项目仪器与材料

1. 仪器　染杯或染锅、电炉、温度计、电子台秤（或托盘天平）、烧杯（50mL、100mL）、量筒（100mL）、刻度吸管（10mL）、缝衣针和针织钩针、笔（毛笔、滴笔等）、调色盘、熨斗等。

2. 药品　直接染料、活性染料、酸性染料、食盐、醋酸、纯碱。

3. 材料　薄型棉织物、线。

三、染色参考工艺

1. 直接染料染色

（1）工艺流程。

扎结后织物——温水润湿——浸染——水洗——熨干

（2）工艺配方。

直接染料（owf）	2%
食盐	20g/L

（3）工艺条件。

浸染温度	70～90℃
浸染时间	10～30min
浴比	1∶50

2. 酸性染料染色

（1）工艺流程。

扎结后织物——温水润湿——浸染——水洗——熨干

（2）工艺配方。

弱酸性染料（owf）	2%
醋酸	1mL

（3）工艺条件。

浸染温度	90～95℃
浸染时间	10～30min
浴比	1∶50

3. 活性染料染色

（1）工艺流程。

扎结后织物——温水润湿——浸染——固色——水洗——皂煮——水洗——熨干

（2）工艺配方。

中温型活性染料（owf）	2%
食盐	1mL
纯碱	10～20g/L

（3）工艺条件。

浸染温度	60～80℃
浸染时间	10～20min
固色温度	60～80℃

固色时间   10～20min

浴比   1∶50

项目12　纺织品蜡染作品制作

一、项目目标

（1）根据蜡染作品的风格特点，完成蜡染作品的图案设计或选用。

（2）完成蜡染作品的制作工艺设计及制作。

二、项目仪器与材料

1. 仪器　染杯或染锅、电炉、温度计、电子台秤（或托盘天平）、烧杯（50mL、100mL）、量筒（100mL）、刻度吸管（10mL）、搪瓷盘、搪瓷杯（熔蜡用）、木框或木板、笔（毛笔、滴笔等）、调色盘、熨斗等。

2. 药品　靛蓝染料、X型活性染料、涂料、氯化钠、85%保险粉、纯碱、石蜡、色酚AS、30%（36°Bé）烧碱、太古油、凡拉明蓝VB、皂粉、海藻酸钠糊、乳化糊、黏合剂、交联剂EH。

3. 材料　棉织物或麻织物。

三、靛蓝染料地色彩色蜡染作品制作参考工艺

1. 工艺流程

蜡染图案设计 ┐

面料选择──→图案复印 ┘──→木框绷布──→彩色部位着色──→熔蜡──→上蜡──→碎蜡──→靛蓝染色（室温，30min）──→冷水冲洗──→热水脱蜡──→皂洗（皂粉3g/L，95～100℃，5min）──→水洗──→熨干

2. 地色液配方及配制

靛蓝染料（owf）   2%

太古油   1mL

85%保险粉   30g/L

烧碱   10g/L

氯化钠   20g/L

浴比   1∶50

称取靛蓝染料于50mL小烧杯中，以太古油调成浆状，加入少量蒸馏水调匀，再加入2/3量的烧碱和保险粉，盖上表面皿放置30min，使靛蓝染料还原成黄绿色隐色体。将剩余的蒸

馏水在 100mL 烧杯中溶解余下 1/3 量的烧碱和保险粉，搅拌均匀，待染色前将染料隐色体溶液加入，搅匀备用。

3. 彩色液配方及配制

（1）活性染料彩色液。

X 型活性染料	30g/L
纯碱	20g/L
氯化钠	30g/L
海藻酸钠糊	80g/L

根据以上工艺配方，按调制 30g 彩色液要求计算各组分用量；分别称取染料、氯化钠置于 50mL 小烧杯中，加入少量蒸馏水溶解（可在水浴中适当加热）；然后在搅拌下倒入已称取的 8% 海藻酸钠糊。在使用前加入纯碱，切记纯碱不要过早加入，以免染料活化，水解失效。

（2）涂料彩色液。

涂料	20g/L
乳化糊	100g/L
黏合剂	25g/L
交联剂 EH	10g/L

根据以上工艺配方，按调制 30g 彩色液要求计算各组分用量；依次称取涂料、黏合剂、乳化糊 A 置于 50mL 烧杯中，并搅拌均匀；在使用前加入交联剂，搅匀待用。

4. 工艺操作

（1）根据蜡染作品特点设计蜡染图案。

（2）根据蜡染作品特点选用面料。

（3）将蜡染图案用复写纸复制在面料上，并将印有图案的织物绷在木框上。

（4）在彩色部位刷涂上彩色液并烘干。

（5）取石蜡置于熔蜡杯中，在电炉上加热熔蜡至冒出轻烟。

（6）将熔融的蜡用毛笔涂到织物需防染部位。

（7）将上完蜡的织物用手搓揉或拍打碎蜡。

（8）碎蜡后织物平放于染色液中，在室温下浸染 30min，取出悬挂在空气中氧化，使织物染色部位由黄绿色转变为蓝色。如需染浓色，可经多次浸染、氧化。

（9）染色后织物经冷水充分冲洗，再经热水充分脱蜡，然后进行皂洗、水洗、烘干即可。

附录三　印花分色描稿强化训练

一、印花计算机制版基本知识

分色是指将花型图案中每种颜色涉及的图案提取出来，制成每个单色图案的过程。传统的分色都是由人工来完成的。

人工分色周期长、劳动强度大，随着计算机技术在纺织行业中的应用，现在分色已完全由计算机分色代替了人工分色。计算机分色即利用专业的分色软件来完成描稿，生成单色图案。印染企业中应用的分色软件有金昌、宏华、变色龙、Photoshop等。这些软件除了有分色功能外，也可以用来进行花型的设计。它们的一些基本操作及工具都有相似之处。

本指导书主要以金昌分色软件 Ex9000 为例进行介绍。该软件适合 Windows 2000、Windows XP、Windows 2003 的操作系统。

该软件的操作界面如附图 17 所示：

附图 17　Ex9000 操作界面

其主菜单有文件、编辑、图像、工艺、选择、滤波、显示、窗口、设计、帮助。每个菜单项都有二级菜单，有的还有三级菜单。若某菜单显示是灰色的，则该菜单在当前状态下不能操作。

需要注意的是：该软件需要配置三键鼠标，在后面的软件操作说明中，鼠标左键用 K1

表示，鼠标中键用 K2 表示，鼠标右键用 K3 表示。CTRL + Z 为撤销当前操作。

印花计算机分色制版的工艺流程为：

来样预审——→图像扫描——→格式转换——→拼接、接回头——→圆整——→描稿——→单色另存——→批量合并——→调工作色、工艺处理——→激光成像——→成品检验

下面将按照其工艺流程的顺序进行讲解。

二、来样预审

客户提供的来样（也就是要进行分色制版处理的图案）一般有布样、纸样、电子稿三种形式，其中布样、纸样居多，电子稿形式较少。预审主要是要查看来样花回是否完整、套色数量（组成来样图案的颜色的数量）、最小的花回（可以按规律循环排列的最小单元花型的尺寸）以及接回头的方式，接回头的方式有平接、跳接，平接是指水平和垂直方向上最小单元花型按照 1∶1 的比例进行排列，跳接有多种形式，随着在水平和垂直方向上排列的最小单元花型的个数不同有 1/2 跳接、3/2 跳接等（附图 18）。同时，必须了解客户对加工产品的具体要求，如来样的经纬向、要求尺寸、印花设备等。

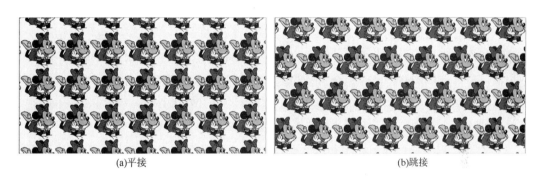

(a)平接　　　　　　　　　　　　　　　　(b)跳接

附图 18　接回头的方式

织物的经纬向可以通过看布边、缝边、经纬密等方式判断。如果来样有布边，则布边即是经向方向，缝边则是纬向方向，若既没有布边也没有缝边，则需要通过分析来样的经纬密度来判断。一般情况下，经向纱线密，纬向纱线疏，纬向比经向伸缩性大，经向的纱线比纬向的纱线易抽出。

不同的印花设备，能够印制的花型尺寸也不同。如圆网印花机的经向尺寸即其圆周长有480mm、640mm、913mm、1826mm 等，工作机台幅宽有 1280mm、1620mm、1850mm、2400mm、2800mm、3200mm 等。圆网长度按照工作幅宽 + 2 × 59mm（59mm 为留边）进行计算。目前，最常用是周长为 640mm，工作幅宽为 1620mm 的圆网。

三、图像扫描

客户的来样若是纸样或布样，必须先将纸样或布样转化成电子格式。转化的方式可以通

过扫描仪扫描或者利用摄像设备拍照。如果来样是纸样，可直接进行扫描或拍照，如果是布样，要观察其是否褶皱，是否容易变形，若不平整需要先进行熨烫，如有需要，用双面胶等将织物固定在硬纸板上，易变形的织物也需要用硬纸板固定，以保证花型保持原来的状态，不扭曲变形，然后正面朝下放在扫描仪上进行扫描。如果来样花型较大，无法一次扫描，可分次按照一定的顺序进行扫描，如先左后右，先上后下，但相邻的两张图稿必须有相同的部分。扫描后的文件命名时最好按照"相同文件名＋阿拉伯数字"的方式命名，如 XX1. jpg，XX2. jpg，……以方便后续的拼接。需要注意的是一定要将来样花型扫描完整。

下面详细介绍图像扫描的具体操作方法。

将布样放置在扫描仪中──→打开电脑上的扫描控制软件──→在驱动程序中选择"扫描图片"──→弹出"扫描仪"对话框──→点击预扫──→设置扫描模式，分辨率，单位──→选择扫描的范围──→点击扫描──→起文件名保存。

（1）将布样放置在扫描仪中。打开扫描仪面板，将准备扫描的有花型的一面（正常情况下就是来样的正面）朝下，保证花型不歪斜，布面不褶皱，然后盖上盖板。

（2）打开计算机上的扫描控制软件。双击鼠标左键或单击鼠标右键选择"打开"将软件启动。当然在使用软件前，要确定扫描仪安装正确。扫描仪的安装根据其接口的不同，安装方法也不一样。若扫描仪的接口是 USB 类型，应先在计算机的"系统属性"对话框中检查 USB 装置工作是否正常，然后再安装扫描仪的驱动程序，接着重新启动计算机，并用 USB 连线把扫描仪与计算机接好，计算机会自动检测到新硬件，接着根据屏幕提示完成其余操作即可。若扫描仪是并口类型，安装前必须先进入 BIOS 设置，在 I/O Device configuration 选项里把并口的模式改为 EPP，然后连接好扫描仪，安装驱动程序。

（3）在驱动程序中选择"扫描图片"。

（4）预扫。通过预扫将扫描仪中的花型全部显示在预视窗口中。

（5）设置扫描模式。扫描模式一般选"彩色"，也称为"RGB 真彩色"。扫描花稿的分辨率一般为 300dpi，大花型可用 150dpi、200dpi；小花型用 600dpi、1200dpi。dpi 是指每英寸所包含的像素点，用来表示图形的精度（即分辨率）。分辨率越高，图形就越清晰，所占用的空间也就越大，相反，分辨率越低，图形就越易失真，所占用的空间相对就小。

（6）正式扫描、存盘。

四、格式转换

格式转换操作有以下六步。

第一步，打开文件。在金昌分色软件中激活主菜单中的"文件"，单击二级菜单中的"打开文件"。此时，会弹出"打开文件"的对话窗口。在右上角的"目录"下方选择待修改格式的图片所在的目录。

若文件类型选择"所有文件"，则该目录下的所有图片都会显示在窗口里，也可以在文件类型的下拉菜单中选择特定的格式类型（如果你是在找 JPG 格式的图片，那只需在格式类型里选择 JPEG 格式即可），这样可以更方便快速地找到需要的特定格式的图片。然后用光标选中待修改格式的图片，按下鼠标左键，在将光标移动到"打开"并单击鼠标左键，选中的图片即会被打开，呈现在分色软件编辑界面。也可以直接双击图片将其打开。

第二步，格式改为八位索引。激活主菜单中"图像"，光标移动到二级菜单中"格式"，会弹出三级菜单，如附图 19 所示。

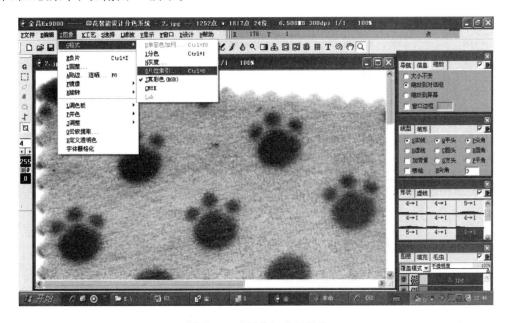

附图 19 "图像"分级目录

第三步，单击"八位索引"，弹出"改变颜色数"的对话框，如附图 20 所示。

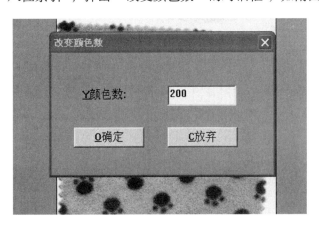

附图 20 "改变颜色数"对话框

改变颜色数对话框显示的初始颜色数是 256，应将颜色数改为在 250～255 之间，然后，点击"确定"。

第四步，激活主菜单中的"文件"，在下拉菜单中单击"另存为"，如附图 21 所示。

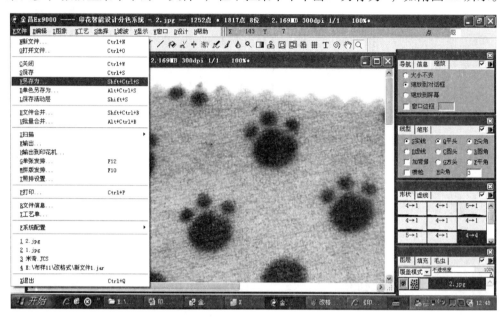

附图 21   "文件"下拉菜单

第五步，弹出"另存为"对话窗口，输入文件名，保存为"印花设计分色格式"。需要注意的是：文件类型要选择"印花设计分色格式 2.00 版本"，文件名一定要把原文件的格式后缀去掉，比如原图是 JPG 格式，必须去掉".jpg"。保存的时候，注意保存的路径，如附图 22、附图 23 所示。

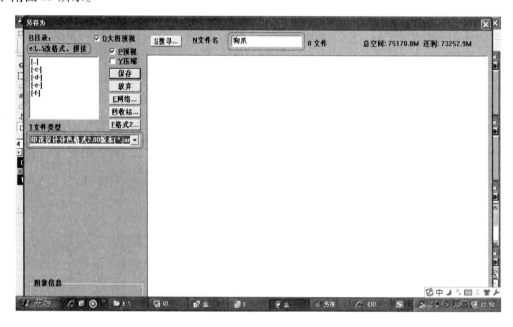

附图 22   "另存为……"对话框

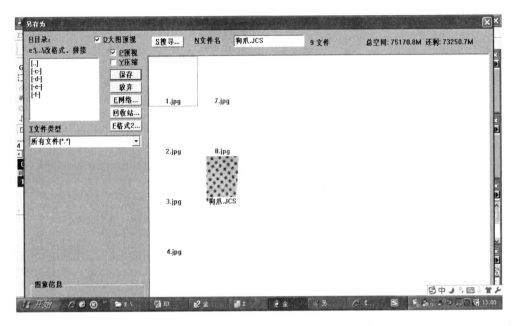

附图23 JPG格式和JCS格式图片显示情况

若想查看文件是否按要求保存，可重新激活"文件"菜单，单击"打开"，可以看到保存的图像。我们会观察到，只有金昌格式的文件是可以看到图像的，其他格式的图片都不能显示图像。是因为金昌格式是该软件自动默认的格式。但是，在"我的电脑"目录下打开该文件夹，金昌格式的图像无法显示，如附图24所示。

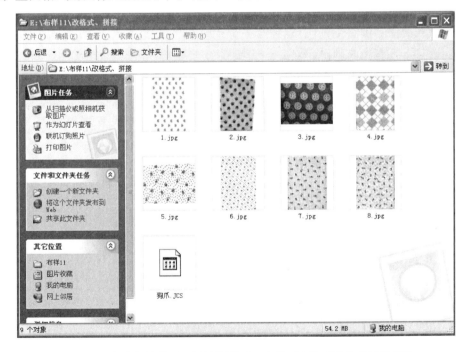

附图24 在分色软件不运行的情况下，查看TCS格式图片的显示情况

五、拼接、接回头

（一）拼接

由于无法一次完成扫描的大花型，需要分几次完成扫描，在描稿之前就需要利用分色软件将分次扫描的部分合并起来，生成完整的原始图案。拼接时需要利用工艺菜单下的水平拼接、垂直拼接和拼接工具。

第一步，先打开两幅相邻图像中的左边或上边的一幅图，如附图25所示。

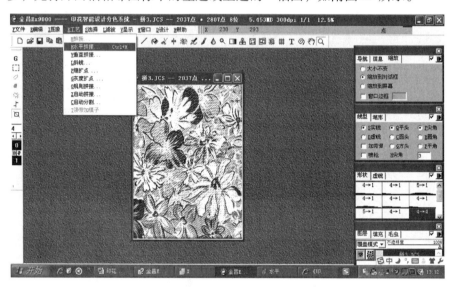

附图25　"工艺"下拉菜单

第二步，激活主菜单"工艺"，选择水平拼接或垂直拼接（若是左右两幅图拼接，选择水平拼接，若是上下两幅图拼接，则选择垂直拼接），在弹出的"打开文件"对话框中把右边或下边的图像文件打开，如附图26所示。

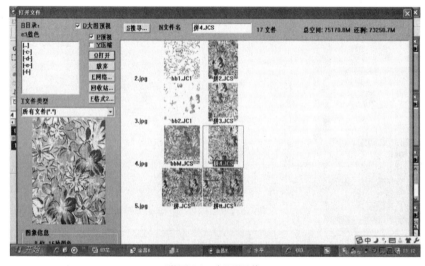

附图26　打开图像

计算机会自动把文件放在第一次打开的文件的右边或下边，如附图 27 所示。

附图 27　打开一张图片后，金昌分色软件的常规窗口

第三步，选择拼接工具 ⊞ 。

第四步，单击 K1 键并拖动鼠标连接左边图像与右边图像中相同的一组点或是上边图像与下边图像中相同的一组点，然后再选择一组共同点（其与第一组共同点之间的距离越大误差越小）连接。两组共同点连接完毕会自动出现矩形连线框，还可以连接矩形框中的多组共同点进行校正。若要调整连接线位置，将光标移到连线上出现十字形的调整光标，按住 K1 键滑动鼠标可调整连接的位置。若要删除连接线，点击 K3 键或按 Delete 键或 CTRL + Z，如附图 28 所示。

附图 28　拼接图形时显示的矩形框

第五步，点击 K2 键确定，拼接完成，如附图 29 所示。

附图 29　拼接后的效果图

按上述操作将水平方向的每张图片一次水平拼接后再进行垂直拼接即可，或是先把每列的图片垂直拼接后再水平拼接。

（二）接回头

第一步，将光标移到操作界面左侧的滚回头 工具上，点击 K3 键，出现"图像特性"对话框，在回头方式中选择 X 的值为 1，Y 的值为 1（即平接花回，一般需要分色的花稿都采用平接花回的方式滚回头）。点击确定。只要设定了平接回头方式，以后只要是平接回头，单击 K1 键图像会自动按平接方式滚回头。滚回头前后的效果，如附图 30、附图 31 所示。

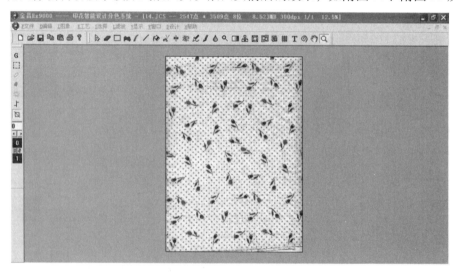

附图 30　滚回头前

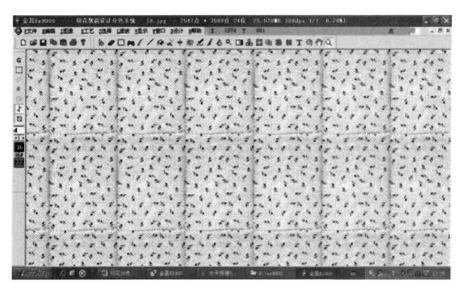

附图31　滚回头后

平接花回至少有两组共同点（所谓共同点是指组成花回的某个点在不同位置上的复制），即至少有四个共同点。

第二步，选取接回头工具 ▣，在图像上选取两组共同点，单击 K1 键并拖动鼠标连接两组共同点（附图32）。连接的四个共同点出现一矩形框。若要调整连接线位置，将光标移到连线上，出现十字形的调整光标，按住 K1 键滑动鼠标，可调整连接线的位置。若要删除连接线，点击 K3 键或按 Delete 键或 Ctrl + Z。连接完毕，点击 K2 键开始接回头。图像中大于一个花回的部分即会被去除，接成一个完整的平接小回头。

在连接了两组共同点后，也可连接四边形区域内的其他共同点进行校正（附图33）。

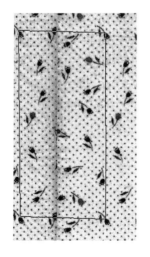

附图32　两组共同点连接

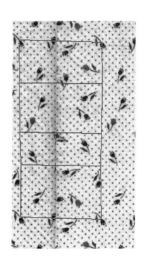

附图33　多组共同点连接

第三步，选中滚动工具 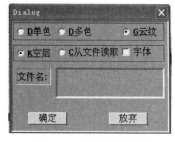 滚动图像，或者直接滚动 K2 键，检查图像接回头是否精确，有无花型错位、花型不完整等现象，若有，则需重新接回头，直到花型无异样为止。鼠标移到共同点连线上，单击 K3 键可把该组共同点取消。

六、圆整

当来样花稿的最小花回尺寸不能符合印花设备的要求时，就需要对其花回尺寸进行调整。例如，某花稿最小花回经向尺寸是 76mm，纬向尺寸是 80mm，采用圆网印花，选用的圆网的圆周尺寸是 641.6mm，接回头方式为平接。由于 $641.6 \div 76 = 8.44$，也就是说，圆周尺寸不是最小花回经向尺寸的整数倍，因此，要将其缩放成整数倍，$8.44 \approx 8$，最小花回的经向尺寸就是 $641.6 \div 8 = 80.2$。

若图像需要圆整，激活"图像"菜单，用 K1 键点击"圆整"，出现圆整对话框，在参数设置里选择印花方式，输入经向尺寸，纬向尺寸会自动等比例进行调整。若参数设置选择的是圆网，可以选择自动圆整。

附图 34　新建图层对话框

七、描稿

在描稿前，首先要在"窗口"菜单中，打开"层管理"窗口，然后 K1 键点击窗口右上角的 ▮▶▮，在下拉菜单中选择"增加"，弹出"Dialog"窗口，如附图 34 所示。

若来样花稿中有两种（底色的白色不算在内）或两种以上的颜色，分别选中"多色""空层"，点击"确定"。若为单色就选中"单色""空层"。

若所建图层为多色的空层，在"层管理"对话窗口中原图层的下方会出现一个新层，如附图 35 所示圈起来的部分。

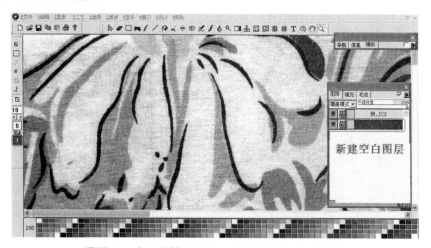

附图 35　在"层管理"窗口中的原图层与新建图层

在上图中，只有用 K1 键点击了最左侧的前景色，下方才会出现如图中所示的 256 色。选中 256 色的一种颜色进行描稿。需要注意的是：选颜色的时候要遵循"深色用浅色描，浅色用深色描"的原则。如要描原图中的深线条，最好选用 256 色中的浅色来描，并且不要跟相邻的颜色一致或相近，以免在描相邻的时候产生搭色或露白。

当描稿未描完但需要保存的时候，点击"层管理"窗口右上角的 ，在下拉菜单中选择"保存活动层"，弹出"另存为"窗口，对新图层起名，文件类型选择"印花分色设计格式"，点击保存。下次打开的时候，以已建的多色层为例，在"层管理"窗口右上角 的下拉菜单中选择"增加"，在"Dialog"窗口选择"多色""从文件中读取"，然后选择需要打开的图层，继续描稿。

下面对如何使用基本工具进行讲解。

（一）描茎

描茎主要是用来勾画图像中从头至尾粗细始终一致的线条，可以是直线，也可是曲线。描茎工具共有勾画 、随意 、3 点随笔 、4 点随笔 、多点随笔 、逐点拟合 、圆弧 7 种。以 为例，其操作要点是：

第一步，K1 键激活描茎工具。

第二步，在所建的空层上，选中一种颜色，用 K1 键点击起点，拖动鼠标，再用 K1 键点击终点。此时，光标变成十字光标，滑动鼠标，原先的直线变成弧线，弯曲的弧度通过滑动鼠标可以调整。点击 K2 键即确定完成描茎。点击 K3 键可取消操作。若所描线条为 S 形，同样点击 K1 键确定两端端点，滑动鼠标，点击 K1 键先确定一个弧度，然后按住 K1 键拖动鼠标调整另一个弧度，一旦松开 K1 键即完成描茎。

进行描茎操作时需注意以下几点。

（1）笔形可在笔形窗口里选择。

（2）笔形粗细可在背景色上方点击三角形调节。

（3）直接按 K2 画直线。

（4）按 Shift + K2 键可画垂直、水平、45°的线。

（5）根据需要点击 K3 键选择合适的描茎方式，每点击一次，会出现一种描茎方式。

（二）撇丝

撇丝与描茎一样也有勾画 、随意 、3 点随笔 、4 点随笔 、多点随笔 、逐点拟合 、圆弧 7 种方法。

撇丝工具的使用方法与描茎工具一致，只是在使用撇丝工具时，要先在撇丝窗口选择撇丝的形状，如附图 36 所示。

用 K1 键双击某一个形状，就会弹出"形状调整"窗口，如附图 37 所示。

用 K1 键按住控制点移动即可进行形状调整，点击 K1 键可增加调整点，点击 K3 键可减少调整点。

撇丝的粗的一头可通过快捷键 Ctrl + 调整粗细，撇丝细的一头可通过快捷键 Ctrl +

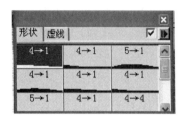

附图 36　撇丝工具窗口

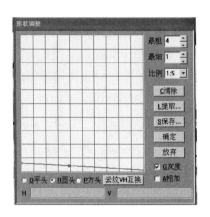

附图 37　撇丝工具的形状调整窗口

调整粗细。也可以通过"形状调整"窗口调节。

若选择了系统窗口左侧的勾边工具 ⌀，则所描的形状是空心的，只有边框是有颜色的。

（三）几何图形

该工具主要是用来描绘规则几何图形的色块。

选择几何图形工具中不同的形状，可通过点击 K3 键或直接从属性对话框中选择。选中形状后在单击 K1 键即确定完成几何图形的描绘。

若要改变几何图形的大小，可通过按住 K3 键拖动鼠标进行形状和大小的调节。

若要调整几何图形的旋转角度，可按一下键盘上的"R"键，然后滑动鼠标，即可调整旋转角度，单击一次 K1 键，确定旋转角度，再单击一次 K1 键即确定描色。每按一次键盘上的"R"键，几何图形会转动 45°。

（四）色块

色块工具跟几何图形工具一样，都是用来描色块的。区别是几何图形只适用于规则图形的色块，而色块工具适用于不规则图形的色块。

色块工具的使用的具体操作同描茎工具。在描色块的时候，先点击 K1 键确定起点，然后沿着色块的边框勾边，每确定一个节点按下 K2 键（这样所描线条不会断），当终点和起点重合，所描封闭区域自动完成颜色填充。

（五）漏壶工具

光标指到 漏壶工具，双击 K1 键弹出对话框，如附图 38 所示。

在调色盘中把要选取的颜色单击，把要作为边界的颜色或作为表面的颜色选取到颜色框中。在颜色框中双击选中的颜色，可把此种颜色从颜色框中清除。清除颜色框中的所有颜色，单击颜色框中的"清除"。

在图像上已选取的颜色包围的区域中单击，即把包围圈内的颜色全部变成前景色（边界

附图 38　漏壶工具窗口

色），或在选取的颜色上单击，把选取的颜色漏成前景色（表面色）。

（六）橡皮工具和色替换工具

橡皮工具 🖉 是把所有颜色擦成背景色，若要擦颜色被设为保护色，应用橡皮工具无法擦除。

色替换工具 🖊 是把前景色擦成背景色，色替换工具不受保护色的影响。

具体操作如下：

①点击橡皮工具，点击 K3 键选取橡皮或色替换工具。

②按住 K3 键拖动鼠标可以改变工具笔形的大小。

③单击 K3 键可以改变工具的形状。

④选取背景色，当用色替换工具时选取前景色。

⑤选橡皮工具时可以选取保护色和非保护色。

⑥拖到要擦除的图像，点击 K1 键。

（七）剪刀工具

剪刀工具有三种功能，分别是滚回头功能🔄、剪刀功能✂️和剪中间功能✂️。选择功能时可以在工具对话框中选择，也可以在工具中选择，不同的功能用不同的工具图标来表示。

1. 滚回头功能　该功能用于改变图像的（0，0）坐标位置。使用滚回头工具时，当前的图像必须有回头方式，如果没有则可在贴边/连晒（或按 F8）中给当前的图像定义一个回头方式。确定回头方式后，在图像中单击左键即把当前鼠标所在位置滚动到零位置。

2. 剪刀功能　剪刀功能可以把图像中多余的部分剪除。其具体操作如下：

（1）选取剪刀工具，此时鼠标的光标变成一条直线 + 剪刀的光标。该直线即剪除的分割线，有剪刀的一侧为要剪去的部分。

（2）单击 K3 键可以改变剪刀的方向。

（3）在图像上单击 K1 键，剪掉所在一侧的图像。

（4）按住 Ctrl 键的同时，按 K1 键则以背景色进行贴边。

3. 剪中间功能　剪中间功能用于把图像中间的部分剪去，或在图像的中间进行贴边。

若要将图像中间某部分剪去，首先在图像中待剪去处单击 K1 键，以确定要剪去的部分的起点，再移动鼠标确定要剪去图像的范围，然后单击 K1 键，两条线围住的部分即被剪去。要改变剪裁的方向单击 K3 键即可。

若要在图像的中间进行贴边，首先在图像中要贴边的部分单击鼠标 K1 键，确定图像中间要贴边的位置，按住 Ctrl 的同时，在图像中间单击 K1 键，即在图像中以背景色进行贴边。

（八）拷贝移动元素

该工具有三个功能，分别是移动工具 、拷贝工具 、点对点拷贝工具 。

1. 移动工具 移动工具可对选中的图像进行复制、移动、旋转、删除等操作。在工具图标上单击或按快捷键 M，按下键盘上的"～"键，可进行拷贝、移动、点对点拷贝之间的切换。或是在工具图标上单击 K3 键也可以完成几个工具之间的切换。或是在属性对话框中选择拷贝、移动、固定、点对点拷贝。若确定选中的图像进行旋转、缩放等操作时需要进行光滑处理，则在光滑处理的方框中打勾，反之，不打勾。

若图像可以用移动工具直接选中，在要选取的图像上单击 K1 键，即把当前鼠标所指的图像选中。选择多个图像，则需按住 Shift 键选择图像，然后单击 K1 键。

若图像不能用移动工具直接选中，则需要用提取工具 G 提取出要拷贝的图像，应用拷贝、移动工具时选中的图像会跟随鼠标一起移动，在要复制的地方按下 K1 键即完成复制。

2. 拷贝工具

第一步，选拷贝工具。

第二步，选定要拷贝的图像。

第三步，移动鼠标到图像，单击 K1 键，即把选中的图像拷贝到当前的图像中。

第四步，单击 K3 键删除选中的图像，可再进行选择图像。

注意：也可以先选定图像然后再选拷贝工具。

3. 点对点拷贝工具

第一步，选点对点拷贝工具。

第二步，选定要拷贝的图像。

第三步，找两组共同点，当找到一组共同点时单击 K2 键，把选中图像从共同点的起点移动到终点。找二组共同点，把选中图像移动到第一组共同点的终点处，且把图像旋转。

（九）滚动工具

滚动工具 用于移动图像、查看图像不同部分的作用。

以下是滚动工具的几种使用方法：

第一种，光标移到滚动工具，单击 K1 键，会出现手形光标，按住 K1 键拖动鼠标，图像即会跟随滚动。

第二种，光标移到滚动工具，单击 K1 键，滚动 K2 键，图像会跟随向上或向下滚动。

第三种，按住 Ctrl 键，同时按住 ←或 →或 ↑或 ↓键，图像会左、右、上、下移动。

（十）缩放工具

缩放工具 🔍 用于放大和缩小显示图像。

缩放工具有以下几种使用方法：

第一种，选中缩放工具，将光标移到需要放大或缩小的地方，按下 K1 键，图像会放大，按下 K2 键，图像会缩小。

第二种，在要放大的部分按住 K1 键拖曳鼠标。图像会在选中的范围中以最大的倍数放大。

第三种，按住键盘的 Ctrl 键，同时按"＋"或"－"，进行图像的放大或缩小。

八、单色另存

单色另存是将图像中的每种颜色的图形分别进行保存。具体操作如下：

第一步，将来样图稿的所有颜色都在新图层描好以后，用光标指在要保存的颜色上，依次按下 K2、K1、K2 键，该颜色即被选中。然后在"文件"菜单中选择"单色另存"进行保存，如附图 39 所示。

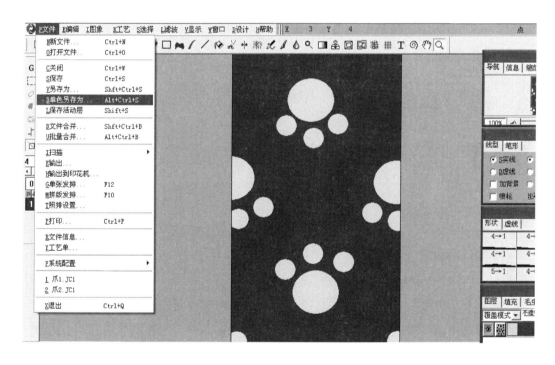

附图 39　单色另存选项

第二步，弹出对话窗口，文件名后加上阿拉伯数字，每种颜色要按阿拉伯数字的顺序改名。有几套色，单色的文件中的阿拉伯数字就到几。如保存的第一个颜色起名为"XX1. jc1"，其后的颜色名为"XX2. jc1""XX3. jc1""XX4. jc1"……如附图 40 所示。

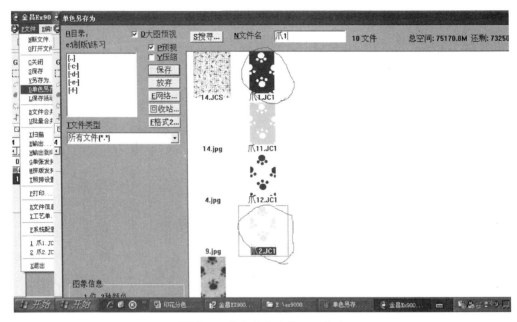

附图 40　单色另存后的 TC1 格式

九、批量合并

批量合并是将所有保存的单色图像合并到一起，用来检查描稿质量，如有无露白、有没有产生杂色等。

第一步，在"文件"菜单中选择批量合并，如附图 41 所示。

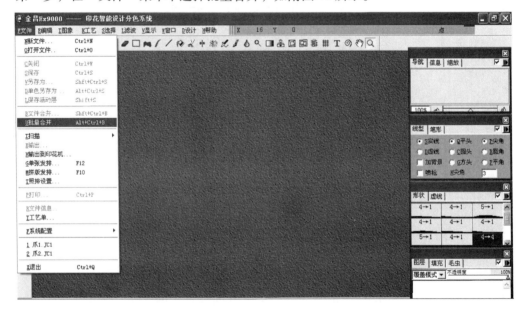

附图 41　批量合并选项

第二步，在弹出的批量合并窗口中，打开单色文件，如附图42所示。

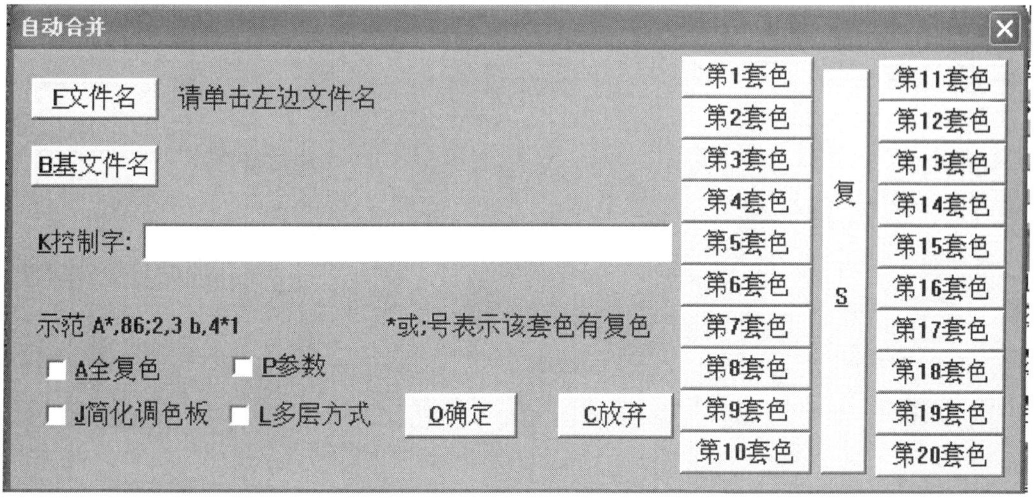

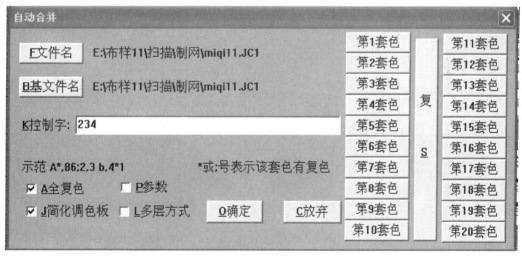

附图42 "自动合并"对话框

点击在窗口里的"文件名"，会弹出窗口，打开文件名为"XX1.jc1"的文件，然后在右边的套色数中选取套色。如一个四套色的图像，打开第一个单色文件后，依次点击"第二套色""第三套色""第四套色"，在"控制字"中就会自动出现阿拉伯数字。在"全复色""简化调色板"上打勾，点击确定，如附图43所示。

附图43 套色选择

十、调工作色

批量合并后，图中可能会有杂色（不是单色图像文件中的颜色，比如可能是两种颜色相交产生的颜色）。

附图44中圈起来的两种颜色即为该图的杂色。所有的杂色需要通过并色去除（附图45）。操作步骤如下：

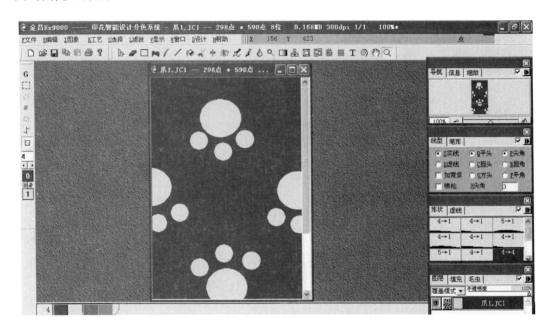

附图44　批量合并后的图像

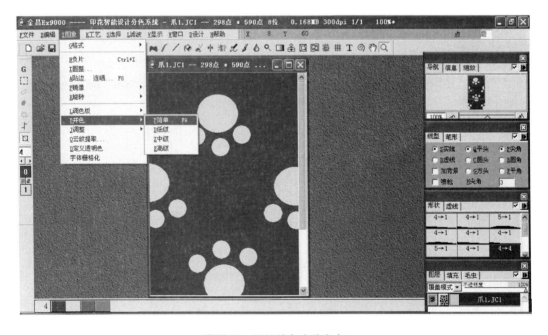

附图45　通过并色去除杂色

第一步，选"图像"菜单中的"并色"下的"简单"或按F9，出现"并色操作"对话框，如附图46所示。

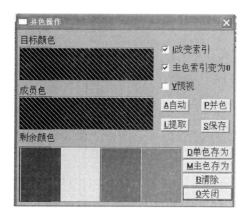

附图 46　"并色"对话框

　　第二步，在剩余颜色框中单击左键或在图像中单击左键以确定目标色，该颜色会出现在目标颜色框中。在目标颜色窗口中双击目标色可以把目标色清除，目标颜色可以不止一个。如附图 47 所示。

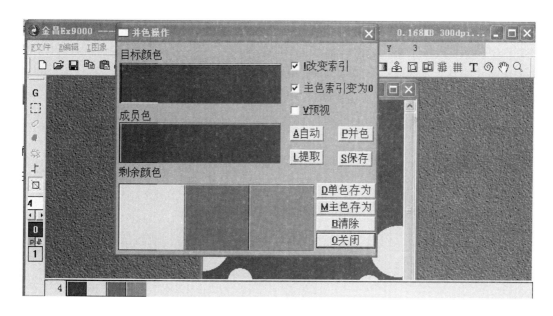

附图 47　选择目标色

　　第三步，在剩余颜色框中，按住 Shift 键的同时单击左键，该颜色即会出现在成员色框中。如果按住 Shift 键的同时按住左键并在剩余颜色框中拖动，即把鼠标点中的开始位置到最后一号色的颜色全部加到成员色中。也可在图像中选择成员色，按住 Shift 键同时单击左键即可，或按住左键在图像中拖动，即把鼠标所经过的颜色全部加到成员色中。在成员色框中，单击左键即可把鼠标选中的成员色去除。如附图 48 所示。

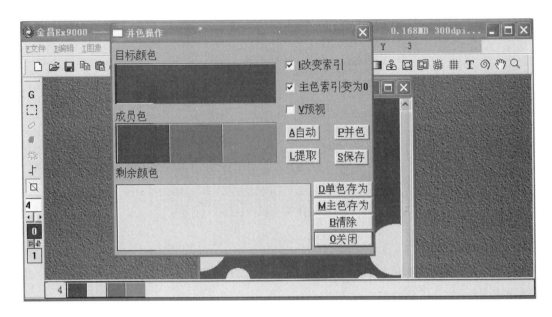

附图 48　去杂色示范

第四步，选好目标颜色和成员色后点击"并色"，即把所有成员色合并成目标颜色。剩余颜色框中的颜色减少，也就是图像调色盘中的颜色减少。

需要注意的是，所选成员色色调应同目标颜色相似，否则经并色后将失去原来的颜色效果。

第五步，调颜色。先选中图中的一种颜色，在前景色颜色框点击 K3 键或在窗口下方颜色列表中双击某一颜色。弹出颜色调整对话框，将颜色调整到与来样的颜色一致。

第六步，在"图像"菜单下选择"排序"下的"简单"，颜色列表里的颜色会自动由浅色向深色排序。

排序后，在"工艺"菜单下选择"缩扩点"，会弹出对话框。选择"浅色向深色"，若"0"标示是白色，并且是底色不需要印制，双击"0"，此白色会去除。点击确定，系统会自动生成所描图像的各单色文件。

十一、激光成像（实时发排）

激光成像就是指经分色处理后的图像，通过系统所提供的图像输出软件进行激光成像，使来样的每一套色都用黑色显示在胶片上。

第一步，按 F12 或在"文件"菜单中选择"单张发排"，出现"单张发排"对话框。

第二步，在对话框中的文件名处单击，出现"打开文件"对话框，打开所要发排的单色稿。

第三步，在处理精度处输入该文件的处理精度。如 300dpi 或 600dpi 等。

第四步，在回头方式处输入该文件的回头方式。如 $X=1$、$Y=1$，或 $X=1$、$Y=2$ 等。

第五步，在连晒参数中输入所要连晒的尺寸或次数，一般在毫米处打"√"，表示以毫米数进行连晒。

第六步，其他可以系统默认，单击保存。

第七步，将每一套颜色的胶片按照"＋"字线叠放起来，同原样进行核对，检查是否有漏白问题，并检查线条粗细、大小是否达到印花的工艺要求。